監修者――五味文彦／佐藤信／高埜利彦／宮地正人／吉田伸之

［カバー表写真］
伊勢暦に見入る女性
（歌川国芳画「縞揃女弁慶」）

［カバー裏］
太陽暦
（明治７年）

［扉写真］
浅草天文台観測の図
（葛飾北斎画『富嶽百景』）

日本史リブレット 46

天文方と陰陽道

Hayashi Makoto
林 淳

目次

①―暦と陰陽道

暦のタイプ

今日の日本で私たちが使っている暦は、太陽暦で、正式にはグレゴリオ暦というものである。一八七三(明治六)年に明治政府が、それまで使われていた太《たい》陰《いん》太陽暦を廃止し、太陽暦を採用し、現在にいたっている。私たちが、旧暦と呼んでいるのは、廃止された太陰太陽暦のことである。世界的な視野でみると、暦は、いろいろな種類があるが、およそ太陽暦・太陰暦・太陰太陽暦の三種に大別することができる。それぞれ、つぎのような事例がある。

太陽暦――エジプト暦、ユリウス暦、グレゴリオ暦、イラン暦

太陰暦――イスラーム暦

太陰太陽暦――バビロニア暦、ユダヤ暦、ヒンズー暦、中国暦

太陽暦は、天球上の太陽の運動を基準に、一年の長さを一定にしたものであり、閏年《うるうどし》をいれて調整するものである。紀元前四五年にシーザーが制定した暦、ユリウス暦は、ローマ帝国の正式な暦として、その版図に広がり、西洋の暦と

して続いた。これは、一年を三六五・二五日で計算するために、四年に一度の閏年を差しはさむものであったが、時がたつと、しだいに季節とずれてきた。復活祭の日の基準となる春分の日が、教会暦上、三月二十一日に固定されているために、実際の季節と離れていき、カトリックにとって由々しき問題になった。そのため、ローマ教皇《きょうこう》グレゴリウス十三世が、一五八二年に改暦を命じ、春分の日がずれない暦法をつくった。グレゴリオ暦では、一年を三六五・二四二五日として計算しているので、四年に一度、閏年を差しはさみ、さらに一〇〇で割り切れて四〇〇で割り切れない年は、閏年にはしないというルールである。

太陰暦は、月の満ち欠けを一カ月として、一二カ月を一年とするものである。月の満ち欠けの一カ月は、約二九・五日であるので、二九日と三〇日を組みあわせる。一年は、約三五四日となる。したがって太陽暦とは、一年で約一一日の違いができてくる。イスラーム暦は、典型的な太陰暦であり、日付と季節は一致しない。たとえば断食《だんじき》を行うラマダーンの九月は、冬であったり夏であったりする。イスラームの世界でも、サウジアラビアや湾岸諸国のようにイスラーム暦のみが通用する地域もあれば、インドネシア・マレーシアのようにグレゴリオ暦を受容し、それによって日常生活を送り、宗教的な行事のみイスラーム暦を使用する地域もある。

　太陰太陽暦は、太陰暦と同じように一年を約三五四日とし、太陽暦とのあいだにある差を、一カ月の閏月《うるうづき》▲をいれることによって調整するものである。二、三年ごとに閏月をいれることが行われた。中国暦では、月の大小の決定、閏月の挿入、二十四節気《にじゅうしせっき》▲の設定などがあり、専門家でないと、暦をつくることは困難である。さらに日食《にっしょく》・月食《げっしょく》の予告をしなくてはならず、観測や計算が必要になった。中国では多くの専門の官僚がいて、国家事業として天体を観測し、計算を行い、翌年の暦をつくっていた。

　世界には、種々さまざまな暦があったが、このなかでグレゴリオ暦が近代世界の諸国を席巻《せっけん》することになった。それには、西洋文化が、世界各地との交易、キリスト教の伝道、植民地《しょくみんち》化によって世界規模で拡張していき、グレゴリオ暦もまた、世界に広がっていく経緯があったからである。当初、カトリック圏にはすぐに広がったが、プロテスタント圏へ普及するには、かなり時間がかかっ

▼閏月　太陰太陽暦では、一年は約三五四日であるので、太陽暦とは約一一日の差があり、しだいに暦日と季節がずれてくる。それを修正するために、余計な月という意味の閏月をいれて、季節とのずれを補った。

▼二十四節気　中国や日本の暦では、暦面に気候の推移を示す二四の節目をいれて、季節がわかるように工夫されていた。立春《りっしゅん》・雨《う》水《すい》・啓蟄《けいちつ》・春分《しゅんぶん》などが、それである。

た。東方正教会《とうほうせいきょうかい》の国々への普及には、さらに時間がかかり、ロシアのグレゴリオ暦採用は、日本よりも遅れた。ロシアは、長いあいだユリウス暦を使っていたので、明治の日本人は、ユリウス暦のことを、露暦（ロシアで使われている暦という意味で）と呼称していたほどであった。しかし西洋の資本主義が、世界の大部分に進出していくようになると、グレゴリオ暦の世界的制覇は、動かぬ事実となった。とはいえ非西洋の人びとは、グレゴリオ暦を受容しながらも、旧来の暦の習慣をすてたわけではなかった。たとえば中国や韓国では、旧暦の正月を盛大に祝い、日本でも、盂蘭盆《うらぼん》の行事を、旧暦の季節にあわせて八月で行う地域も多い。その点からいうと、旧暦は新暦によって絶滅したのではなく、表層から消えた分、生活の底部で生き続けているともいえよう。

暦と天の思想

西洋の暦の歴史をみるならば、広く汎用されたものとして、ユリウス暦とグレゴリオ暦との二度の改暦があったことに気がつく。これに対して、中国の暦の歴史に目を転じると、四〇回以上の頻度で改暦が行われてきた。これは、太陽暦と太陰太陽暦との相違がもたらした結果と考えることができる。なぜならば太陰太陽暦は、月の満ち欠けによるサイクルと太陽による一年のサイクルとを調整するために、不断に改良が必要だったからであり、改良は改暦に直結したからである。中国では、大勢の官僚たちが、天体観測や計算に従事しており、将来の改暦に備えていたのである。しかし技術的な問題だけではなく、そこには思想的な問題もあった。

中国は革命の国であって、王朝の興亡を繰り返してきた。軍事力のある者が、力で旧王朝を倒し、新しい政権の座に就くことを易姓革命《えきせいかくめい》といい、天の命による交代と考えられた。天は絶対的なものであり、支配者にとっても一般の人びとにとっても、天の意志に従うことが至上命令であった。王朝が滅亡するのは、天からみすてられた結果であり、これに対して新王朝の勃興は、あらたに天の命を受けて生まれたものであった。

中国の皇帝が天子《てんし》と呼ばれるのは、まさに天の命を体現した人物ということであった。天体には、天の意志や警告があらわれているから、注意深く観察し、記録しなければならなかった。天命が交代した以上、旧王朝の暦法を改め、改暦しなくてはならないと考えられていた。改暦は、皇帝の行う権限であり、責務でもあった。改暦を行うためには、天体を観測して、太陽・月・惑星・星座などの運行を記録しておかなくてはならない。中国の言葉に、「観象授時《かんしょうじゅじ》」、すなわち「象を観じて、時を授ける」という言葉があるが、皇帝が、天象を観測し、それによって暦を作成し、それを人びとに授けるという意味であった。

このような天の思想があったために、改暦は頻繁に行われた。改暦は、王朝交代のシンボルであり、あらたな皇帝による支配の始まりをあらわした。改暦は、漢《かん》代の武帝《ぶてい》▲に始まり、そのパターンは一七〇〇年以上にわたって続き、清《しん》まで受け継がれた。王朝の交代によって改暦を行うことは、武帝以来、制度として確立したが、南北朝《なんぼくちょう》時代から宋《そう》の時代にかけては、同一王朝でも、皇帝がかわると、すぐに改暦していた。改暦は、ますます頻繁に行われ、結果として、中国は歴史を通じて四〇回以上の改暦を経験することになった。

改暦は、中国のまわりの国々にとっても重要なことであった。中国の皇帝に服従することを、「正朔《せいさく》を奉ずる」という言葉であらわしたが、「正朔」とは暦のことである。皇帝から暦を授与されることは、皇帝に服従し、臣従《しんじゅう》の礼《れい》をなす

▼**武帝**　前一五六〜前八七年。前漢第七代の皇帝。全国に郡県《ぐんけん》制を敷き、中央集権的な国制を整備した。漢の黄金期をつくった。

ことであった。中国の周辺国の国王たちは、中国の皇帝へ貢物《みつぎもの》をささげるため、朝貢《ちょうこう》の使いを派遣し、皇帝からは返礼物を授与されたが、そのなかに新しい暦があった。暦は、中国の皇帝と、周辺国の国王との朝貢関係をあらわすシンボルにもなった

日本の暦

三世紀ごろの日本には、暦はまだなかった。「魏志倭人伝《ぎしわじんでん》」につけられた注釈に「其の俗、正歳四時(暦のこと)を知らず、但、春耕秋収を記して年紀となす」とあり、中国の暦は、まだ伝来していなかった。

『日本書紀《にほんしょき》』の欽明《きんめい》天皇十四(五五三)年六月条に、百済《くだら》に対し医博士《いはかせ》・易《えき》博士・暦《れき》博士を送るようにという勅《ちょく》がだされている。翌年に暦博士が来て、六〇二(推古《すいこ》天皇十)年に百済僧観勒《かんろく》が、暦本・天文地理書・遁甲方術《とんこうほうじゅつ》の書をもたらした。

『日本書紀』の持統《じとう》天皇四(六九〇)年十一月十一日条には「勅を奉りて始めて元嘉《げんか》▲暦と儀鳳《ぎほう》▲暦とを行ふ」とある。これが、中国暦が施行されたことを示す最

▼**元嘉暦**　中国宋に何承天《かしょうてん》が四四三(元嘉二十)年につくった。行用年は、四四五～五〇九年。百済が国暦として採用する。

▼**儀鳳暦**　中国唐に李淳風《りじゅんふう》がつくった。行用年は、六六五～七二八年。中国では、麟徳《りんとく》暦と呼ばれる。中国の改元(六七六年より儀鳳)にあわせて、日本で儀鳳暦と呼んだ。

初の記事である。実際には元嘉暦は、五世紀には百済経由で日本に伝えられ、使われていたようである。六九六(持統天皇十)年のころから、儀鳳暦が単独で用いられた。正倉院《しょうそういん》に儀鳳暦が最古の暦として残っており、木簡《もっかん》が出土している。

『三代実録《さんだいじつろく》』の貞観《じょうがん》三(八六一)年六月十六日条に、「称徳《しょうとく》天皇の天平宝字《てんぴょうほうじ》七年八月儀鳳暦を停じて開元大衍《かいげんたいえん》暦▲を用ふ」とあり、七六四(天平宝字八)年より儀鳳暦は停止され、大衍暦が施行された。

『文徳実録《もんとくじつろく》』の天安《てんあん》元(八五七)年正月十七日条には、暦博士の大春日朝臣真野《おおかすがあそんまの》麻呂《まろ》が五紀《ごき》暦▲への改暦を進言したとあり、翌八五八(同二)年より五紀暦が施行された。その翌年、渤海《ぼっかい》の大使が宣明《せんみょう》暦▲を伝え、真野麻呂が再度、改暦を進言し、八六二(貞観四)年より宣明暦が導入された。真野麻呂は、大衍暦・五紀暦と比較・検討した結果、宣明暦が優れていることがわかったと陳述した。

宣明暦の暦法は、それ以降、継続して使われて、近世の前期まで用いられた。一六八五(貞享《じょうきょう》二)年、渋川春海《しぶかわはるみ》によって貞享改暦がなされて、宣明暦の時代は幕を閉じた。近世には頻繁に改暦が行われるようになり、貞享改暦を含め四回

▼**大衍暦**　麟徳暦では日食の予報があたらないので、玄宗《げんそう》が僧の一行《いちぎょう》に改暦を命じ、新暦法をつくらせたのが大衍暦であった。行用年は、七二九〜七六一年。

▼**五紀暦**　代宗《だいそう》即位の年に、大衍暦に月食の予報がなかったが月食が起こったため、代宗が郭献之《かくけんし》に改暦を命じ、みずから序を書いた。行用年は、七六二〜七八三年。

▼**宣明暦**　徐昂《じょこう》がつくり、日食の予報に優れた暦法で、唐でももっとも長く七一年間使われた。行用年は、八二二〜八九二年。

●――木簡に記された儀鳳暦（静岡県城山《しろやま》遺跡出土）　表には神亀《じんき》六（天平元＝七二九）年暦の歳首の記事を記し、裏には同年正月十八～二十日の暦を記し、表裏は天地を逆にして使用。長さ五八センチ、幅五・二センチ。

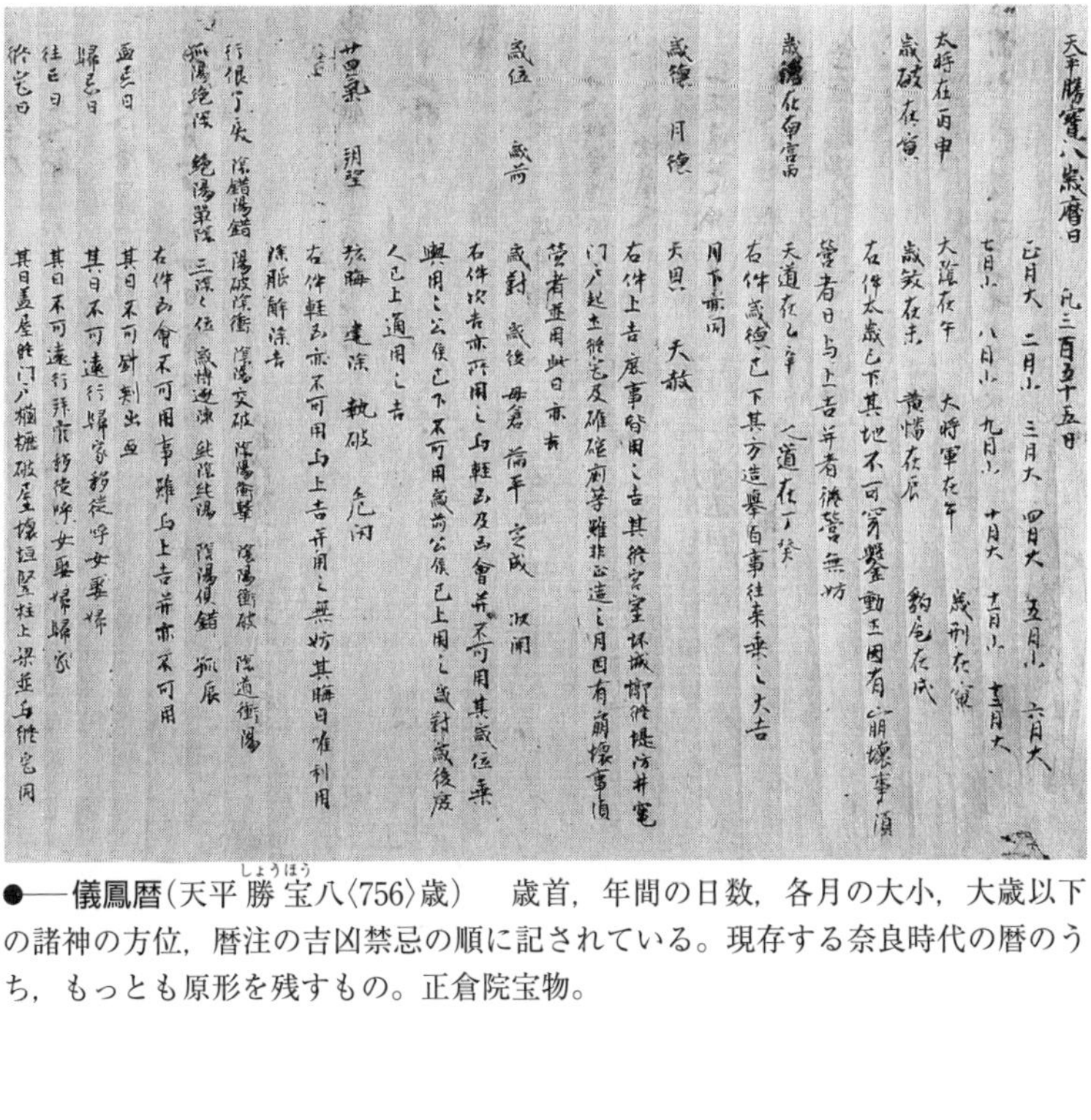

●――儀鳳暦（天平勝宝《しょうほう》八〈756〉歳）　歳首，年間の日数，各月の大小，大歳以下の諸神の方位，暦注の吉凶禁忌の順に記されている。現存する奈良時代の暦のうち，もっとも原形を残すもの。正倉院宝物。

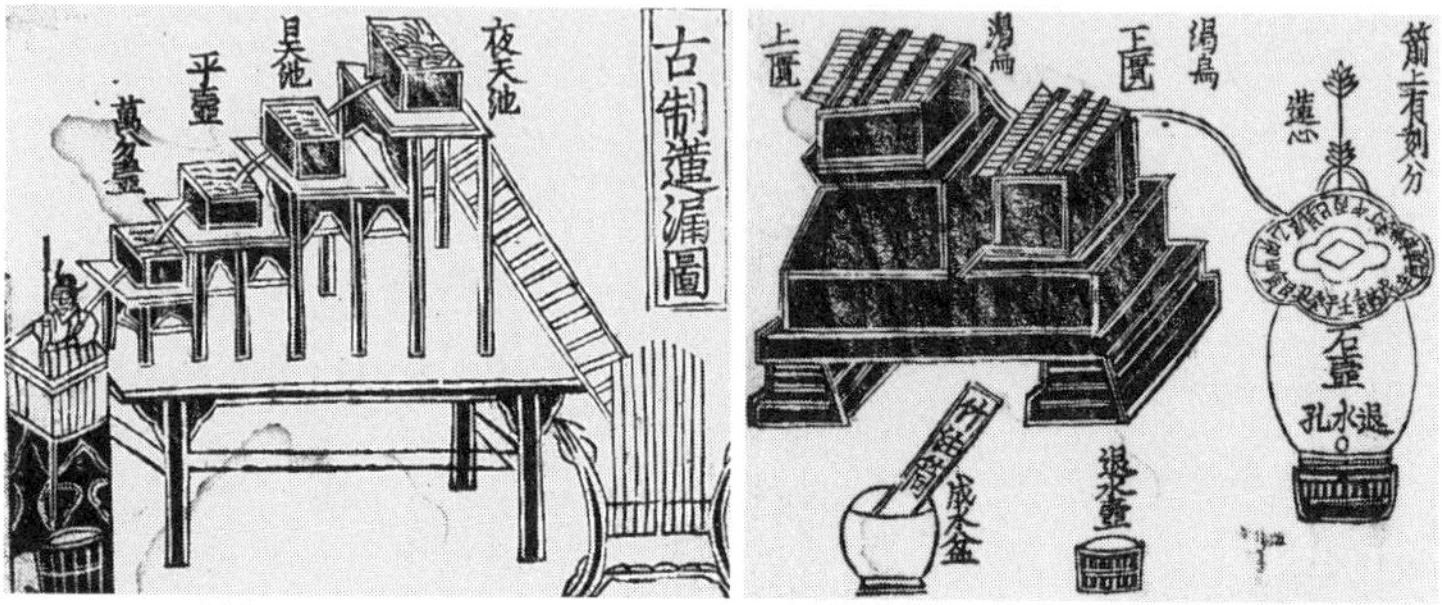

●──漏刻（寛永《かんえい》版『宣明暦』）

の改暦がなされた。

宣明暦導入から貞享暦まで、八二三年間、日本では改暦が行われなかった。宣明暦の暦法は、中国で七一年間使用され、高麗《こうらい》では四七四年間使用されていたが、日本においては八二三年間も続いたのであった。

八二三年間の改暦空白

なぜ改暦は長く行われなかったのであろうか。誤解を避けるために付け加えると、暦は営々と毎年つくられていたのであって、八二三年間、暦がつくられなかったのではない。暦法の改定がなかったのである。八二三年の空白と比較して、近世では頻繁に改暦がなされており、古代・中世との違いは明白である。ここでは、改暦の空白に関連のありそうな事柄を、四点あげておこう。

第一に、列島規模での統一国家が、長期にわたって成り立たなかった点である。日本で改暦が起こった時期に注目してみると、律令《りつりょう》国家（元嘉暦、儀鳳暦、大衍暦、五紀暦、宣明暦）と、幕藩制《ばくはんせい》国家（貞享暦、宝暦《ほうれき》暦、寛政《かんせい》暦、天保《てんぽう》暦）、明治政府（グレゴリオ暦）というように、統一的な国家体制が確立した時代である。

それと比べると、九世紀半ば以降、その後の中世という時代は、統一的な国家体制は、なかったとみてよい。中世史の研究における王朝国家論・権門《けんもん》体制論・東国《とうごく》国家論などの、多彩な中世国家像の乱立じたいが、他の時代と比較して、誰の目にも見えるような統一的な国家体制がなかったことの証左である。

第二に、日本におけるテクノロジーなり、自然科学なりの衰微がある。たとえば古代において漏刻《ろうこく》博士が時刻の計測として行っていた漏刻の技術は、平安後期には消滅した。中国の天文暦学や暦法は、あらたに摂取されることはなくなる。律令国家に組み込まれていたテクノロジーを扱う官職は、全般的に衰退した。

第三に、ヤマト王権以来、天皇家が継続し、歴史の紆余曲折や荒波に流されながらも、天皇家がたえることがなかったという事実がある。結果として、天の命がくだり、王朝交代が起こり、新政権の正当性を保証するという易姓革命の思想は展開しなかった。王朝交代がない以上、改暦は必要ではないと考えられたとしても、ふしぎではない。

第四に、中国を中心とした冊封《さくほう》体制▲から、日本がはずれていた点である。中《ちゅう》

▼冊封体制　中国の皇帝が周辺諸国の国王に官職・爵位をあわせて授与し、臣下とした。国王は、皇帝に臣従の礼をとり、中国暦を自国で施行し、定期的に使者・貢物を送る義務をおった。

華《か》文明圏では、周辺国の国王は、中国へ朝貢の使いを派遣し、中国の皇帝から国王号や暦を贈与された。遣唐使《けんとうし》も、中国側からみるならば、朝貢使であった。ところが九世紀末の遣唐使廃止以降、中国と日本との公式の国家間の交渉はなくなった。中国・朝鮮との貿易・交易は継続的に行われていたが、暦法が授与されるチャンスはなくなった。室町将軍の足利義満《あしかがよしみつ》が、明《みん》と接触したときに、中国より日本国王の称号と大統《たいとう》暦▲を授与された。しかしその折にも、大統暦に基づく改暦は行われなかった。

以上、統一国家、テクノロジー、王朝交代、冊封体制という四つの事柄は、いずれをとってみても日本史上の大問題である。こうした課題を念頭におきながら、近世における改暦・天文方《てんもんかた》・陰陽道《おんみょうどう》を考えていきたい。

▼大統暦　元統《げんとう》がつくる。行用年は、一三六八〜一六四四年。もっとも完備した暦法とされる元《げん》の授時《じゅじ》暦を受け継ぐ。

陰陽道とは

本書のもう一つのテーマである陰陽道について、暦との関連で一言しておこう。陰陽道の理解は、平安時代の陰陽道についての研究が進展することによって、ずいぶん変わってきた。かつて村山修一氏らが、陰陽道とは、中国古代の

●—中国と日本の改暦頻度

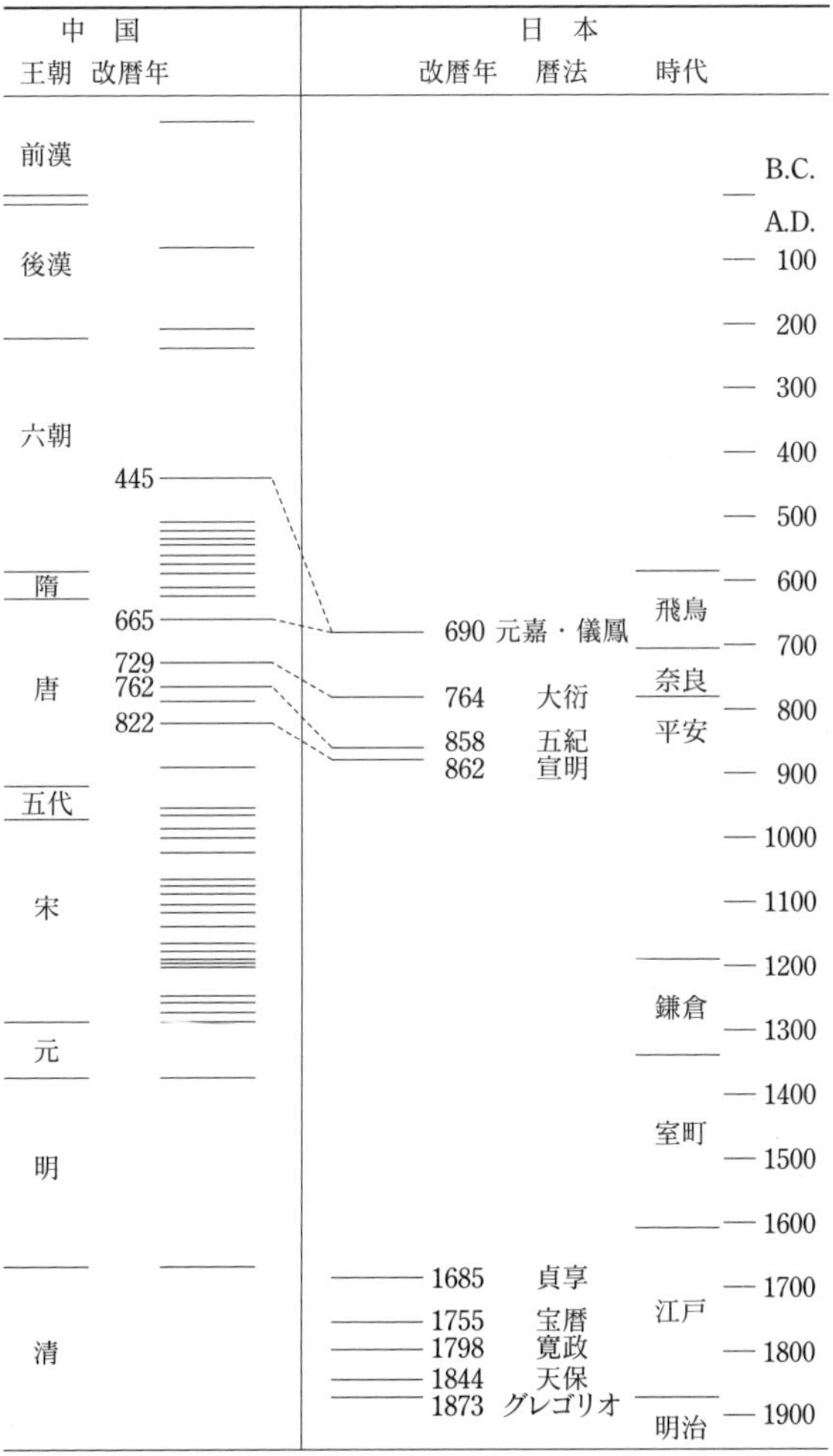

中山茂『日本の天文学』を一部改変。

民間信仰であり、陰陽五行《ごぎょう》にかかわる諸々の現象をさすと提唱してきた。この定義によれば、中国の思想・宗教の大部分が、陰陽道の範囲にはいってくる。しかしその後、中国・朝鮮には陰陽道という言葉はないことが指摘され、日本において十世紀ごろに陰陽寮《おんようりょう》の官職の世襲化とともに、賀茂《かも》氏▲・安倍《あべ》氏▲によって行われた呪術《じゅじゅつ》宗教的な祭祀、呪法《じゅほう》、思想をさす用語として、陰陽道が定義されるようになった。陰陽道は、中国風でありながらもメイド・イン・ジャパンであり、その呪術宗教性に特色がある。村山氏の定義によれば、中国が陰陽道の発祥地であり、中国の暦にも、陰陽道的思想が混入していたことになる。しかし中国には陰陽道はないという立場に立てば、中国における暦と陰陽道という問いじたいが成り立たない。それでは、日本における暦と陰陽道の関係は、いかに考えたらよいであろうか。

　陰陽寮という律令制の部署には、天体観測、暦の製作、漏刻、陰陽という四つの部門があり、それぞれに担当の専門の官人がいた。天文博士は、天体を観測し、天変をみつけては、天皇へ上奏していた。暦博士は、毎年の暦をつくることを業務とし、天皇に暦をささげていたが、頒暦《はんれき》制度は途中で挫折した。漏

▼**賀茂氏**　陰陽道・暦道の家。賀茂忠行《ただゆき》・保憲《やすのり》・光栄《みつひで》という高名な陰陽家が続き、陰陽道・暦道を家業として世襲した。長く暦をつくって、天皇に献上していた。

▼**安倍氏**　陰陽道・天文道の家。安倍晴明が賀茂忠行・保憲から陰陽道・天文道をならい、賀茂氏とならぶ陰陽家となった。

刻博士の業務は、水時計を管理することであったが、途中で機能しなくなる。陰陽とは、占い全般を意味していたが、四つの部門のなかでもっとも重視されていた。陰陽部門が変質し、占い・祭祀の面が肥大化した。その結果、陰陽《おんみょう》師《じ》のイメージは、説話集の安倍晴明《せいめい》▲のように、占い・祓いを行い、式神《しきがみ》などを操作する呪術宗教家というものに変化した。これが、いわゆる陰陽道の成立であり、陰陽師の登場である。

暦博士を世襲化した賀茂氏も、陰陽師とみなされたことから、暦博士がつくる暦もまた陰陽道関連のこととみられるようになった。日の吉凶《きっきょう》、方位神のタブーを記した暦注《れきちゅう》▲は、元来は中国の典籍に典拠をもっていたが、陰陽道的な事項として受けとめられた。天文博士を世襲化した安倍氏も陰陽師であり、天文関係の事柄も、陰陽道として認識されるようになった。日本では陰陽道が成立したことで、暦も天文も、陰陽道の枠のなかで理解されるようになった。

▼安倍晴明　九二一～一〇〇五年。一条《いちじょう》天皇のために占いや祭祀を行い、藤原道長《ふじわらのみちなが》にも重用された。『今昔物語集《こんじゃくものがたりしゅう》』などでは、式神を操り、呪力を行使する陰陽師として描かれた。

▼暦注　旧暦には、日付の下に注がついていた。干支《かんし》・十二直《じゅうにちょく》・五行・選日《せんじつ》などで、日の吉凶を知るためのものであった。

②—暦の頒布と地方暦

暦の頒布システム

律令《りつりょう》国家においては、暦の製作と頒布は、国家制度にのっとって行われ、陰陽寮《おんようりょう》の暦博士《れきはかせ》が、暦を製作した。当時の暦は、『大唐陰陽書《だいとういんようしょ》』▲などに由来する暦注《れきちゅう》をともなった具注暦《ぐちゅうれき》▲であった。暦博士は、天皇のための御暦《ごりゃく》と、一般の官人たちに配布される頒暦《はんれき》▲の原稿をつくる。陰陽寮では、その原稿をもとにして清書し、装丁をほどこし、正式な暦に仕立てあげる。御暦・頒暦は、ともに陰陽寮から中務省《なかつかさしょう》に提出されて、中務省から天皇にささげられる。十一月一日に御暦奏《ごりゃくのそう》という儀式があり、そのときに御暦は天皇にささげられる。頒暦は、一度天皇に提出されるが、こんどは天皇から太政官《だいじょうかん》に渡される。太政官は、弁官《べんかん》を通じて、中央官庁、地方官衙《かんが》へと暦を配布する。

実際に暦を製作しているのは、陰陽寮ではあるが、重要なことは、天皇から下賜《かし》されるという形式をとる点であった。暦の頒布は、天皇の権限であり、中国の皇帝がもっていた観象授時《かんしょうじゅじ》の権限を模倣していた。

▼『大唐陰陽書』　陰陽書ともいう。唐《とう》の太常《たいじょう》博士呂才《ろさい》が編纂し、唐代《とうだい》五行家《ごぎょうか》説を集大成したもの。平安時代の暦家・宿曜師《すくようし》が暦注をつくるときに活用した。

▼具注暦　具《つぶ》さに注する暦という意味。漢文で書かれて、歳位《さいい》・星宿《せいしゅく》・干支・吉凶などの注が記されている。

▼頒暦　頒布される暦のこと。

●律令制下の頒暦制度（山下克明「暦はどこでつくり、どのようにくばったか」『暦の百科事典』による）

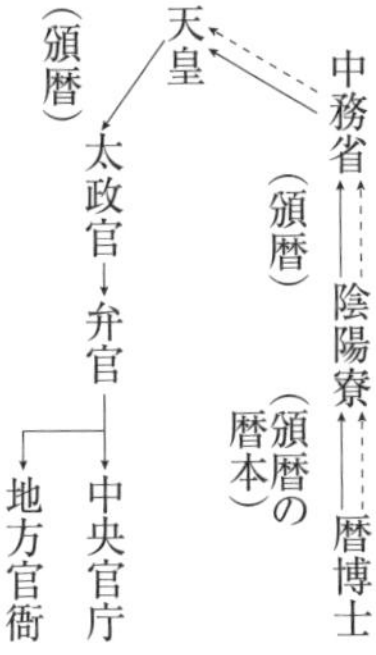

中央官庁、地方官衙の機関では、配布された頒暦を書写して、複製をつくり、暦を利用していた。ところが十世紀ごろになると、律令制に由来する頒暦制度は、機能不全に陥る。暦に対する需要は高まるばかりであり、その需要に応えたのが、暦家《れきけ》の賀茂《かも》氏であった。暦は、頒暦制度をとおさずに、賀茂氏から直接に貴族《きぞく》たちに供給されるようになった。

つまり天皇、太政官を経由することなく、暦家の暦が、貴族社会にいきわたるようになった。ちょうど暦道《れきどう》が、賀茂氏の家業となって、世襲化されていく時代にあたった。

貴族たちは、具注暦に日記を付け始めた。貴族の生活は、儀式がおもなものであったから、暦の空白部（「間明《まあ》け」という）に、どの日にどのような儀式が行われたのかを記録しておけば、将来、情報源として役に立った。それは、自分のための備忘だけではなく、子孫にとっても有益な情報源となった。実際、日記は本人がなくなったあとに、書写されることが多く、貴族社会の儀式や生活の根幹を支えるものであった。

ところで具注暦は、漢字で書かれていたので、もしそれを、仮名《かな》文字になお

▼**三島大社**　静岡県三島市にある神社。伊豆国一《いち》の宮《みや》。東海道《とうかいどう》の街道筋にあたることから、庶民の参詣が多かった。

せば、女房、そして庶民まで利用できるものになる。

鎌倉時代になると、具注暦を仮名になおして使う人が増え始めていた。そして庶民の需要が高まれば、書写するのではなく、版刷りで印刷することが試みられる。版暦《はんれき》と呼ばれるものが、鎌倉時代には生まれ、室町時代には地方で普及していた。面白いことは、版暦は、京都ではなく、地方のほうで最初に生まれて、京都に移出された点である。伊豆《いず》の三島《みしま》大社▲では、鎌倉時代から暦づくりが行われており、あるときから仮名暦の版行を行い、それが京都におよんだという。そのために京都では、室町時代には版暦のことを、「三島」と呼んでいた。

京都のように、公家《くげ》社会が存続し、大寺社が聳え立つところでは、書写に携わる人たちは膨大におり、それによってかえって暦の版行化は遅れたと考えられる。

地方暦の世界

室町時代になると、地方では仮名の版暦が出版されるようになった。三島暦が早い例であったが、そのほかの地域においても、木版で摺られた仮名暦が生まれた。それだけ暦を必要とする人口数が、地方社会のなかでふえたのである。室町時代は、各地で地方暦が製作され、普及した時代であった。地方の暦師《れきし》がつくった暦は、地方ごとに特色があった。ところが江戸時代の一六八五(貞享《じょうきょう》二)年に改暦が行われるようになると、暦は画一的なものに変わった。

三島暦

三島大社が発行していた三島暦は、地方暦の代表的例である。一四三七(永《えい》享《きょう》九)年の最古の仮名版暦が発見されているが、鎌倉時代に鎌倉に集結した陰《おん》陽《みょう》師《じ》が、作暦を開始したという説もある。三島大社下社家《しもしゃけ》の河合家《かわい》が、暦師として作暦を行ってきた。貞享改暦以後は、三島代官《だいかん》を通じて写本暦《しゃほんれき》(印刷された暦の原板)を受け取り、伊豆・相模《さがみ》両国で売暦《ばいれき》(暦を売買すること)を行った。二国以外のところでは、三島暦は、売暦としては禁止されており、賦暦《ふれき》(暦を無料で配ること)のみが許された。

大宮暦

大宮《おおみや》氷川《ひかわ》神社▲の陰陽師が作暦を行っていたという。『北条《ほうじょう》五代記《ごだいき》』によれば、

▼**氷川神社**　さいたま市にある神社。武蔵国《むさしのくに》一の宮。武家《ぶけ》の尊崇《そんすう》が厚かった。

北条氏政《うじまさ》(一五三八〜九〇年)時代に、三島暦と大宮暦のあいだで、閏月《うるうづき》の相違があり、大宮暦があやまっていたので、北条氏政によって大宮暦は停止された。

大経師暦

十五世紀ごろより、京都には摺暦座《すりごよみざ》という暦師の組合があり、暦の専売権を握っていた。暦師は、「経師《きょうじ》」と呼ばれていたが、その経師の長が「大経師」であった。大経師の地位は、特定の家系で継ぐものではなく、交代で担っていた。近世になると、一六五七(明暦《めいれき》三)年、後西《ごさい》天皇より、暦開板《かいはん》の独占権を認めた綸旨《りんじ》をえて、諸国の暦師支配を企てたが、京都所司代《しょしだい》のとがめを受け、失敗した。のちに貞享改暦後は、写本暦をつくる作業に従事した。

院経師暦《いんのきょうじごよみ》

一六一三(慶長《けいちょう》十八)年以来、禁裏《きんり》(宮中のこと)御用の経師であった菊沢《きくざわ》家が、版行を行った。後陽成院《ごようぜいいん》に許可されたといわれている。頒布範囲は、京都とその周辺に限られていた。

丹生暦

十六世紀に伊勢《いせ》国飯高《いいたか》郡の丹生《にう》村(現在、三重県多気《たき》郡多気町)に丹生賀茂家が

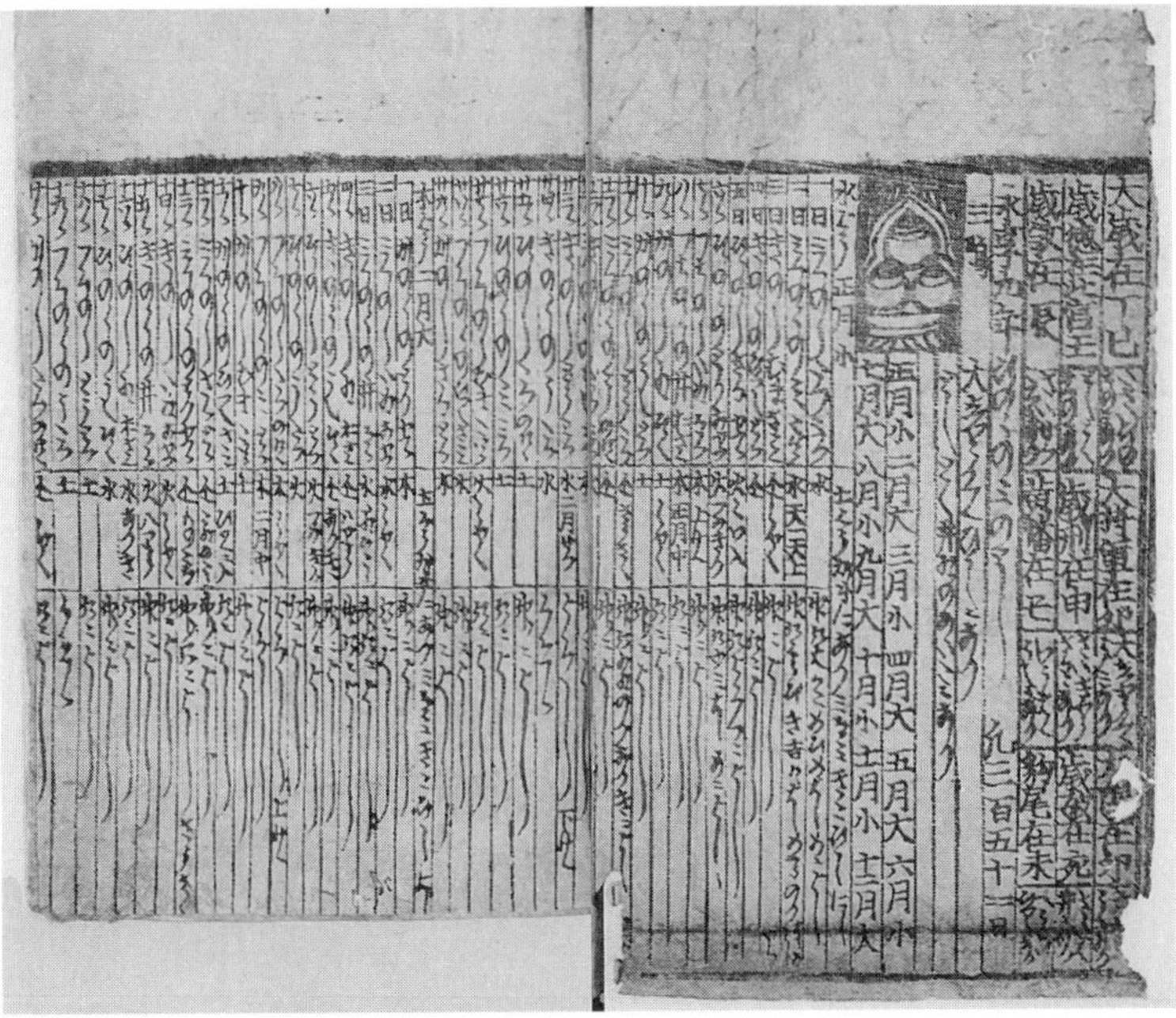

●──三島暦　永享 9 (1437)年の最古の仮名版暦。

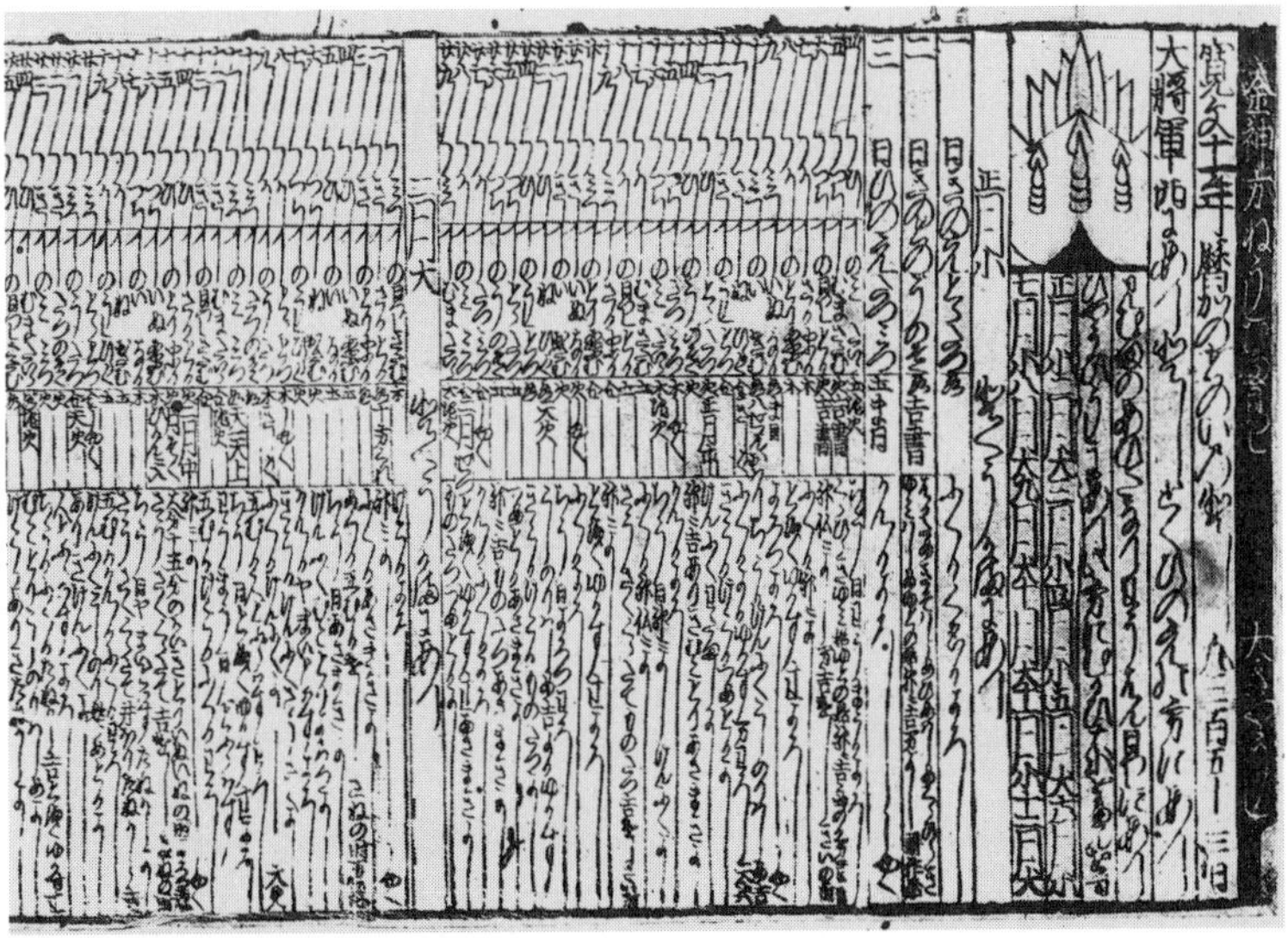

●──大経師暦(寛文《かんぶん》11〈1671〉年)

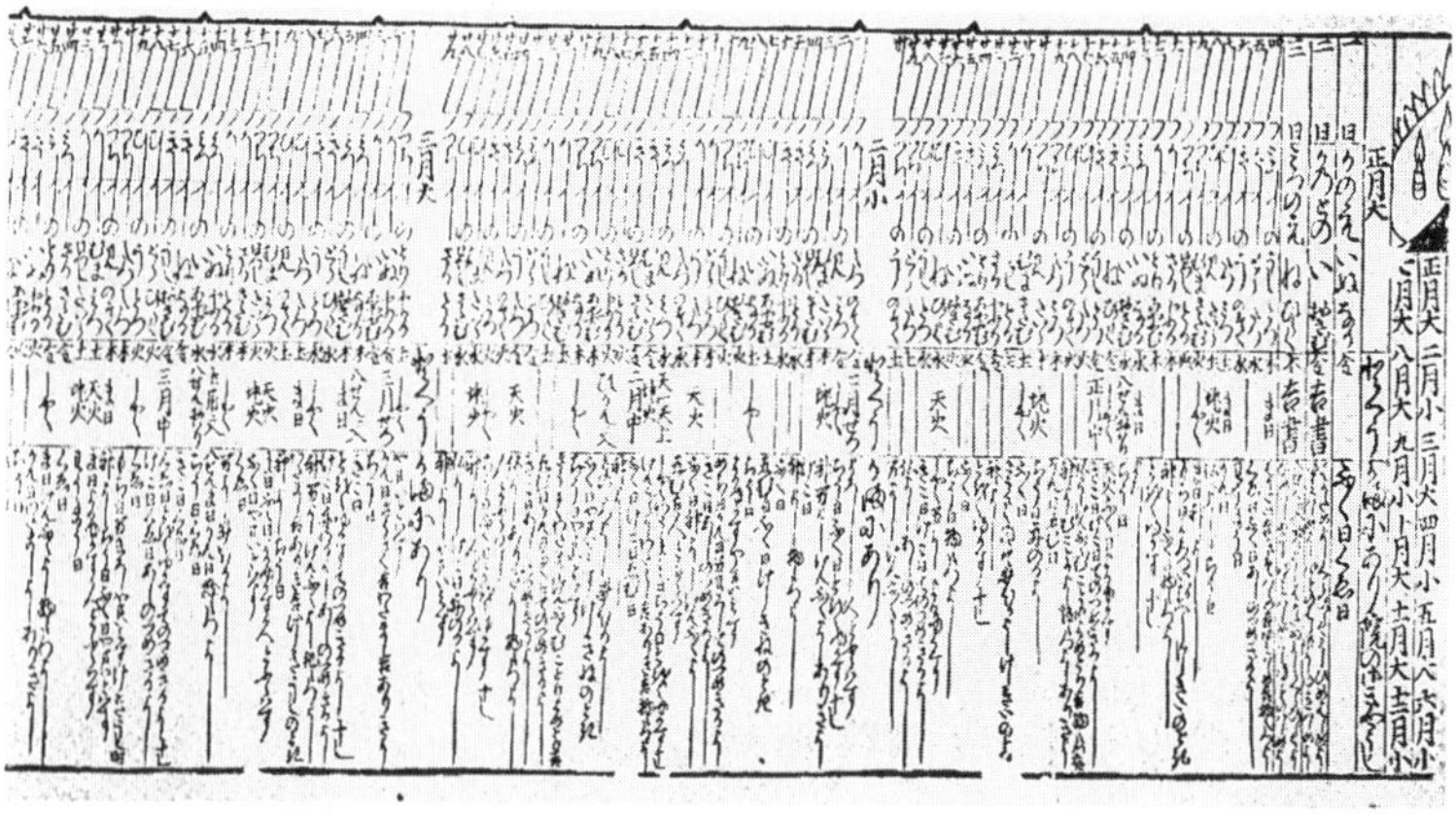

●—院経師暦（寛永《かんえい》2〈1625〉年）

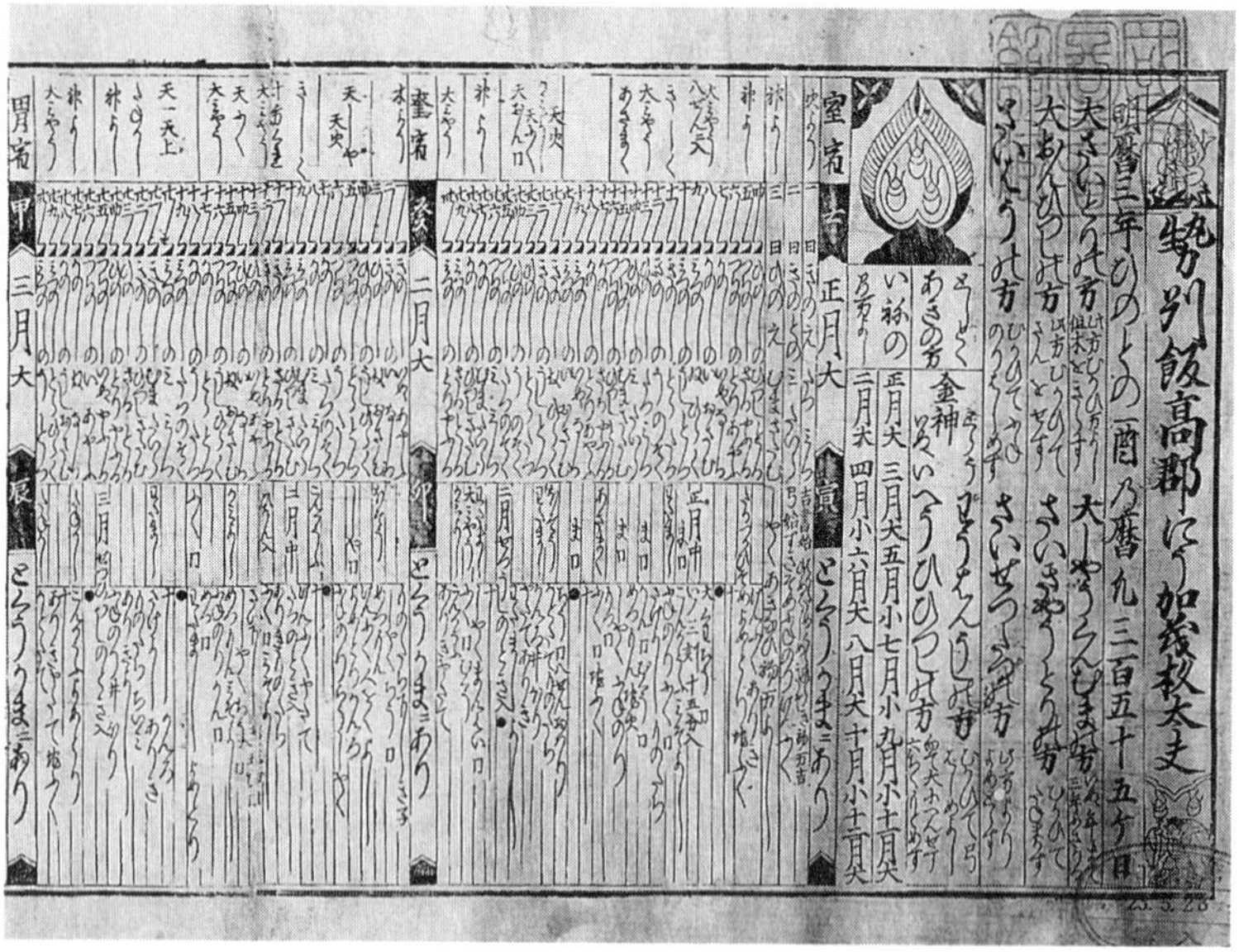

●—丹生暦（明暦3〈1657〉年）

▼土御門家　安倍《あべ》氏の末裔が、室町時代より土御門と称した。江戸時代には土御門泰福《やすとみ》以降、陰《おん》陽《みょうのかみ》頭を独占し、全国の陰陽師を支配した。

住み、丹生暦を製作していた。丹生賀茂家は、南都《なんと》系の暦を作成し、伊勢国司《こくし》北畠《きたばたけ》氏から作暦の権限を認められていた。そのため伊勢国においては、他国の暦が禁止されており、丹生暦のみが、販売を許されていた。近世に丹生が紀《き》伊藩《いはん》領地になると、丹生賀茂家は、紀伊藩主の許可を求めて、紀伊藩領内での暦販売を許可された。近世を通じて丹生賀茂家は、土御門《つちみかど》家▲の配下となる。

南都暦

中世末には南都では、独自の暦がつくられていた。陰陽師が陰陽町に住み、土御門家配下にもなって、作暦を行い、大和《やまと》一国で配布していた。そのなかで山村《やまむら》家・中尾《なかお》家の二軒のみが、売暦を行い、他の陰陽師は、檀家《だんか》に対して賦暦のみを行った。

泉州暦

和泉《いずみ》国(泉州《せんしゅう》)信太舞《しのだまい》村(現在、大阪府和泉市舞《まい》町)に住む、土御門家配下の陰陽師が、暦をつくり、各地で売りさばいていた。岸和田《きしわだ》の商人を通じて売っていたことから、「岸和田暦」とも呼ばれたという。

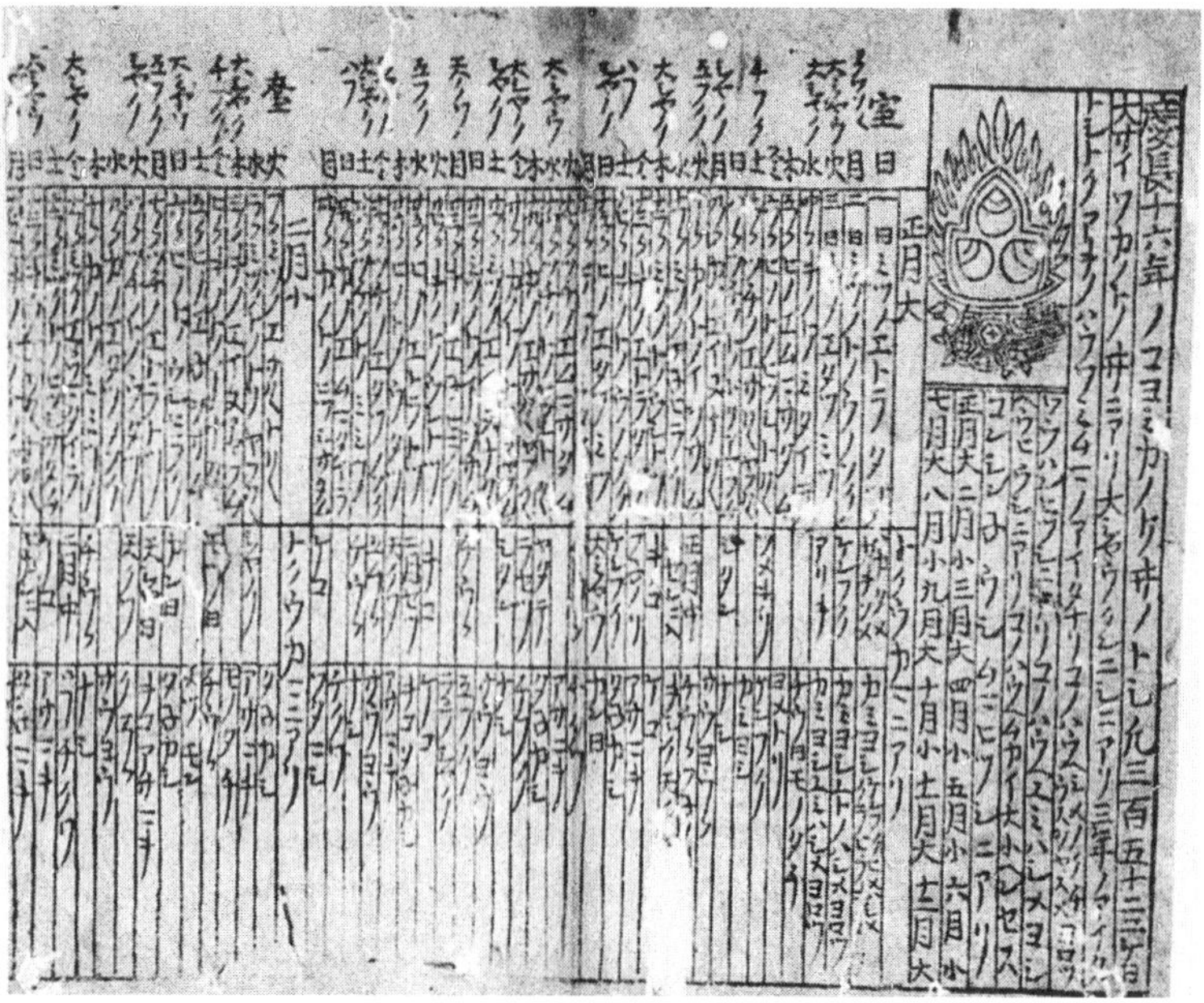

●──南都暦　慶長16(1611)年の片仮名暦。

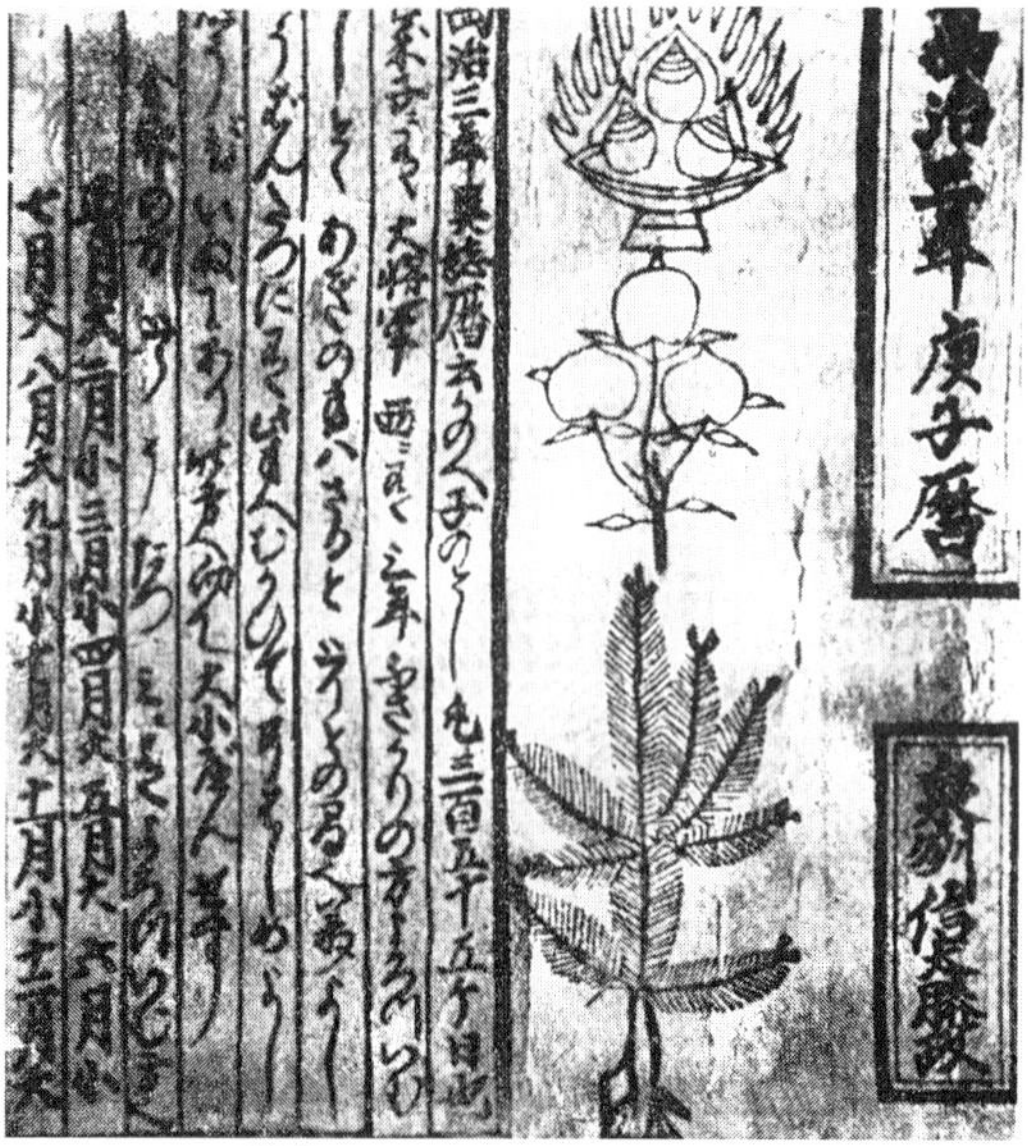

●──泉州暦(万治《まんじ》3〈1660〉年)

伊勢暦

近在に丹生賀茂家がいたために、神宮のそばでは暦師は育たなかった。しかし近世になると、地元に暦師が生まれて、作暦を始めると、丹生賀茂家から訴えられ、トラブルとなった。幕府は、誰でも作暦を行ってもよいとの判断をくだしたので、山田《やまだ》町において暦師の数は急増した。そのなかに土御門家配下の家は、三軒あったが、土御門家が宝暦《ほうれき》改暦の事業を行う最中、全員が、土御門家配下に強制加入させられた。暦の頒布は、伊勢の御師《おんし》が行った。他地域の暦は、小冊子の綴《とじ》暦であることが多かったが、伊勢暦は、折《おり》暦であった（カバー表写真参照）。

会津暦

十五世紀ごろより、諏訪《すわ》神社▲の神職、笠原《かさはら》・佐久《さく》・諏訪の三家が、編暦と作暦を行っていた。近世初頭には、菊地《きくち》庄左衛門《しょうざえもん》という暦師が作暦を行い始めた。貞享改暦によって会津《あいづ》暦の発行は、当初差止めになった。会津の暦師は、幕府へ作暦の許可を求め、認められる。寺社奉行《じしゃぶぎょう》経由で写本暦を受け取っていたが、あとから天文方《てんもんかた》の渋川春海《しぶかわはるみ》が、会津藩江戸藩邸へ持参したため、以来、

▼**諏訪神社**　福島県会津若松《あいづわかまつ》市にある諏訪神社のこと。会津若松城の鎮守《ちんじゅ》。

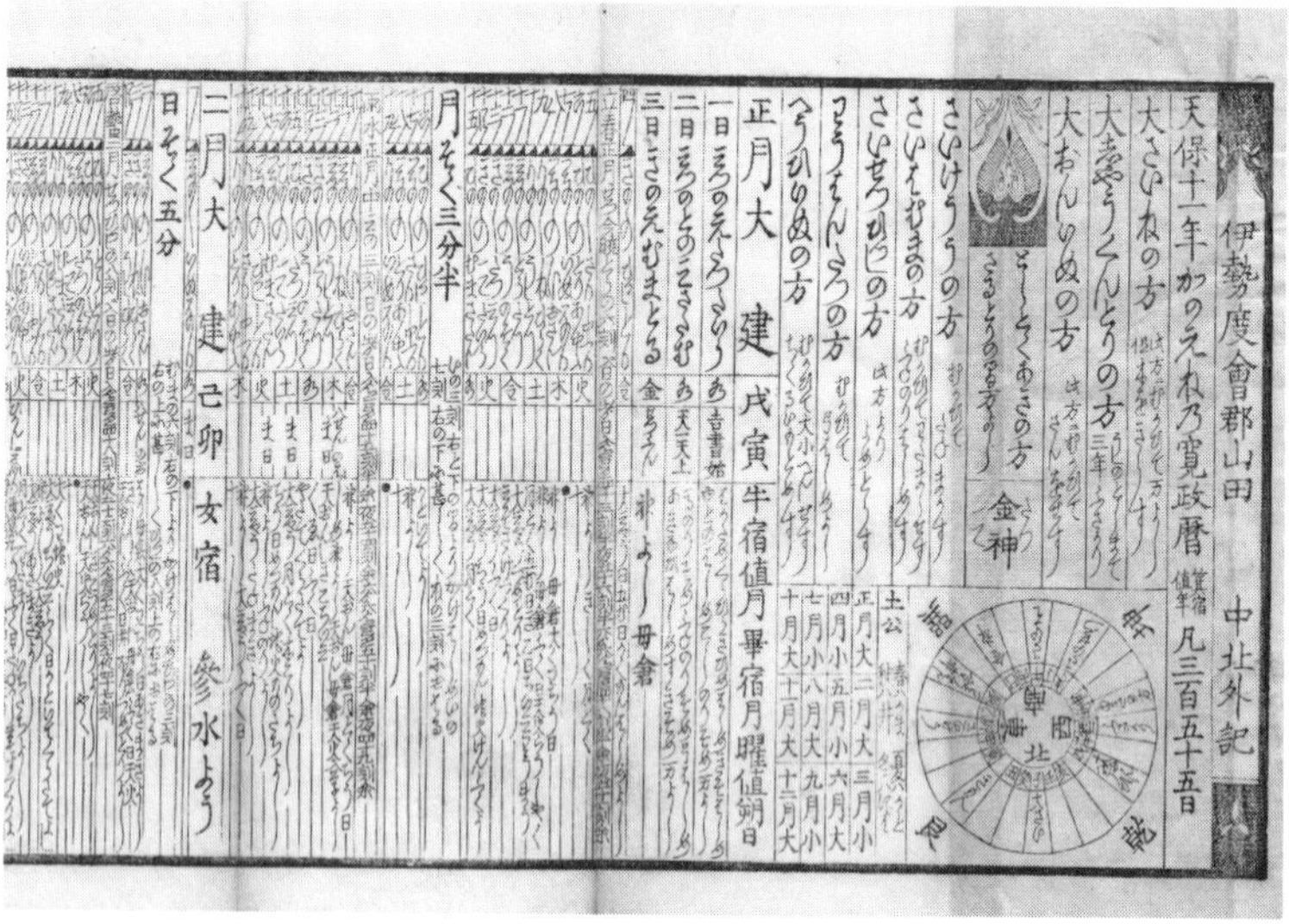

●——伊勢暦(天保《てんぽう》11〈1840〉年)

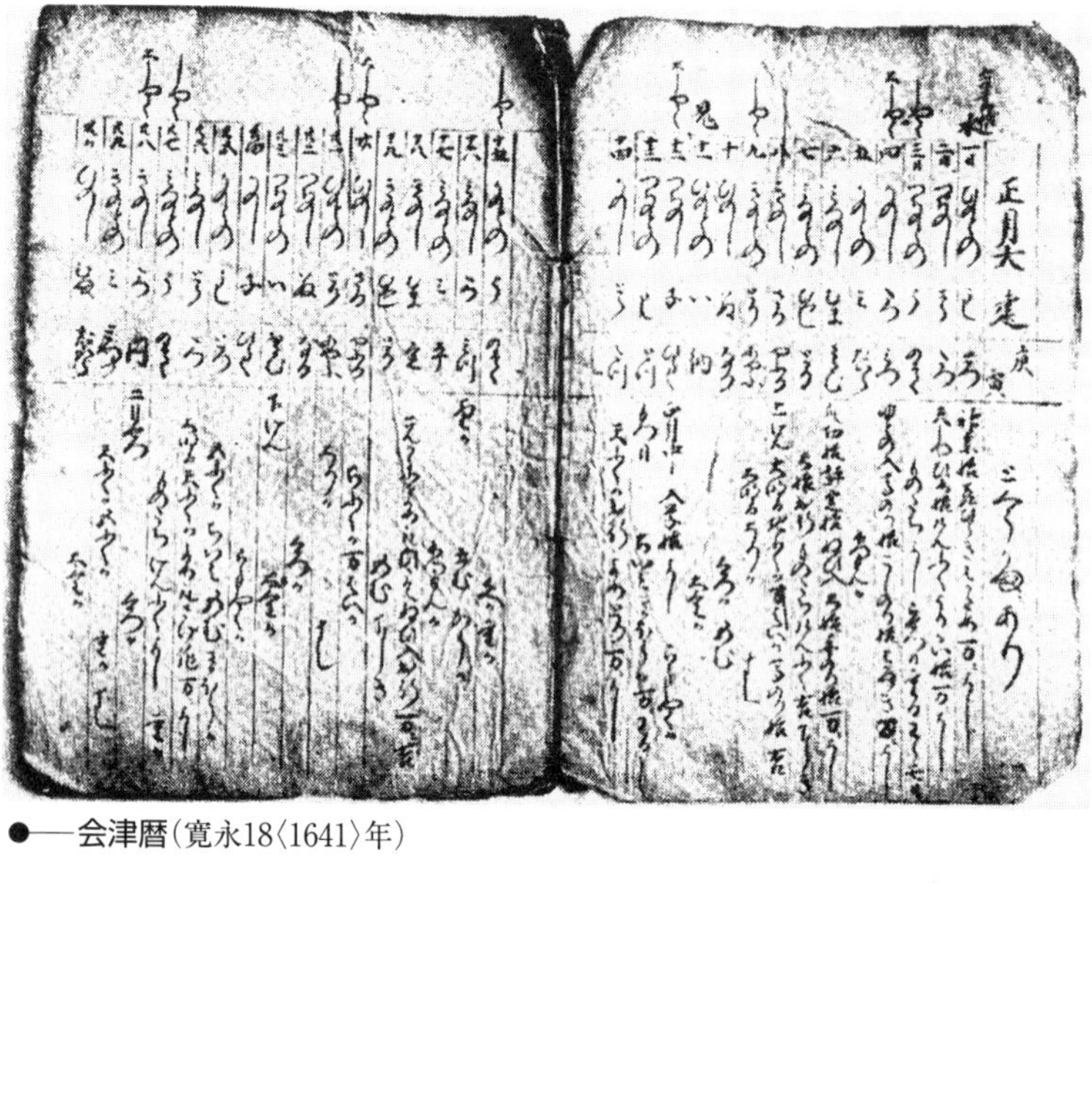

●——会津暦(寛永18〈1641〉年)

天文方から受け取る慣行となった。寺社奉行や渋川春海が、改暦の発案者であった保科正之《ほしなまさゆき》の会津藩に対して特別に配慮していたと考えられる。

薩摩暦

中世以来、薩摩《さつま》では独自の暦をつくってきた。貞享改暦以降、改暦のたびに、薩摩藩は、暦学者を派遣し天文方に弟子入りさせ、天文暦学を勉強させた。幕府から、特別に藩内の作暦を許されていた唯一の藩である。いつ幕府の許可をえて、いつから国内の作暦を始めたかについては、諸説がある。薩摩暦の暦注には中国暦の影響がみられるが、琉球《りゅうきゅう》を経由した影響といわれる。支配層は薩摩暦(国《くに》暦と呼ばれた)を使ったにもかかわらず、一般民衆は、伊勢の御師が配りにくる伊勢暦を使っていた。

仙台暦

十七世紀後半に仙台城下の本屋・版木屋が、伊勢暦をまねた暦を発行し、江戸の暦問屋に訴えられ、訴訟で負けている。東北は、江戸の暦問屋の縄張りであったからである。仙台藩には天文方が設置されており、渋川春海の流れの天文暦学者を多く輩出したにもかかわらず、藩独自に暦をつくることはなかった。

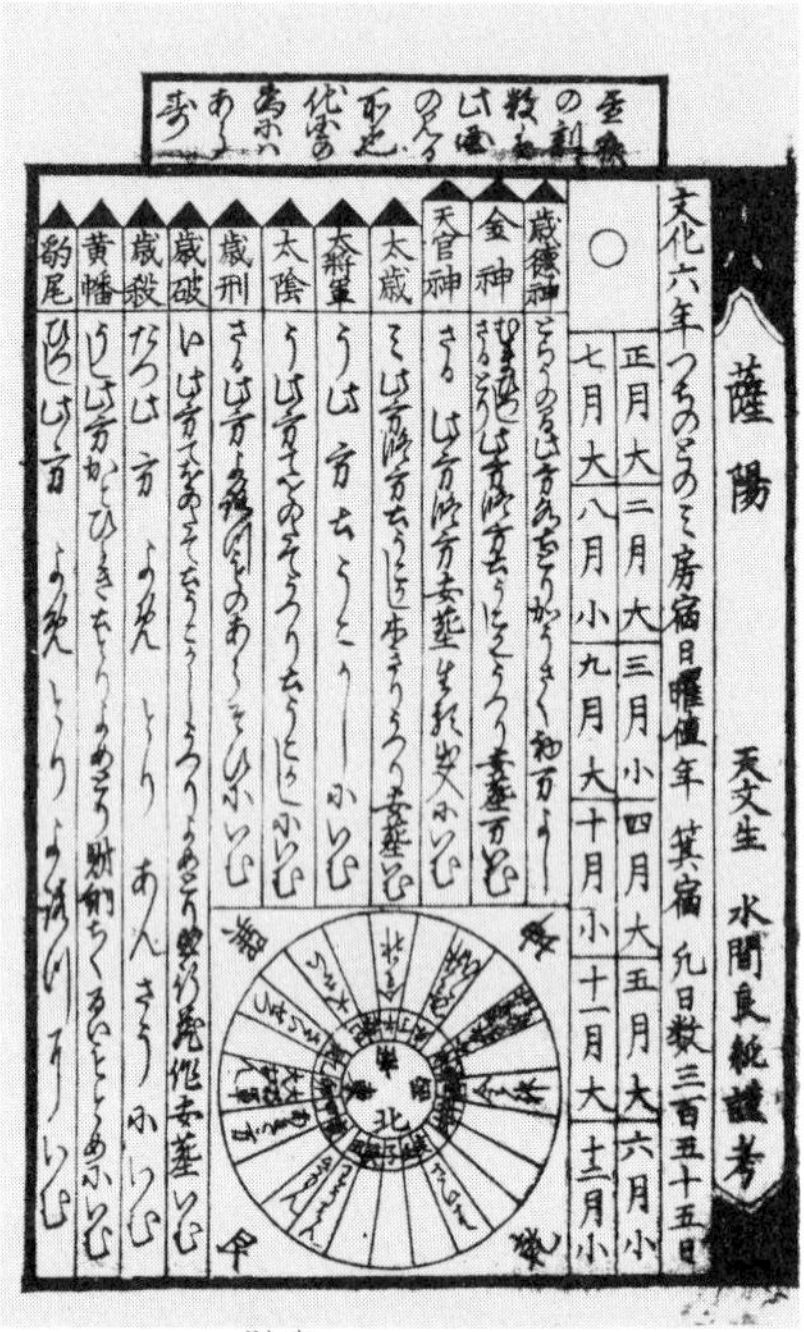

●──薩摩暦（文化《ぶんか》6〈1809〉年）

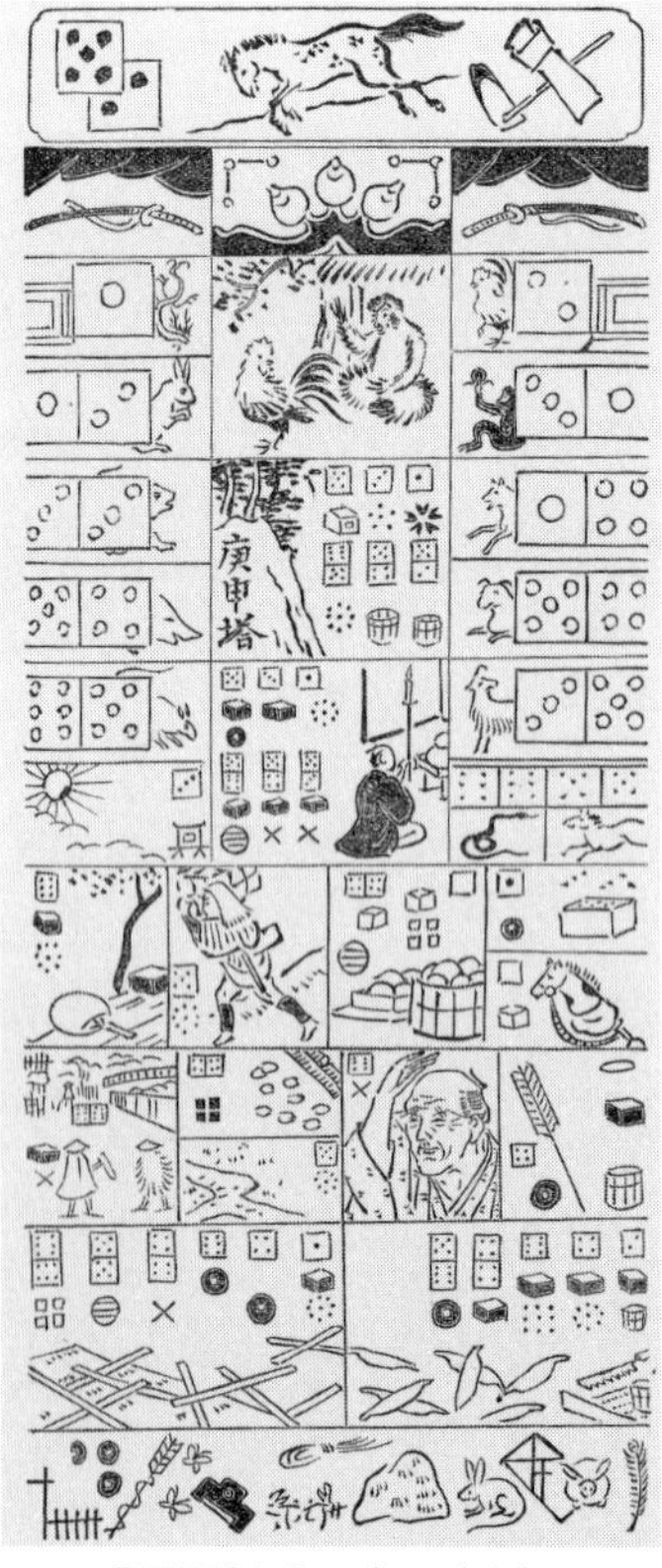

●──盛岡暦（文化7〈1810〉年）

しかし一八五四(安政元《あんせい》)年に仙台藩が幕府に懇望し、ついに仙台暦発行が許可され、長年の悲願が達成された。

南部暦

近世中期ごろに冷害被害から農業経営を立ち直らせるため、南部《なんぶ》藩の田山《たやま》村(現在、岩手県八幡平《はちまんたい》市)の善八《ぜんぱち》という人物が、農具・生活用具などの絵を用いて暦をつくったのが始まりで、田山暦という。これに影響されて、盛岡藩の印判《いんばん》彫刻師の舞田屋理作《まいたやりさく》がつくったのが、盛岡暦である。どちらも地域を限定して利用されていたが、幕府の許可をえたものではなかったと思われる。

貞享暦の登場

一六八五(貞享二)年の改暦で新しく登場した貞享暦は、大部分が仮名の版暦であった。貞享暦は、室町時代の地方暦の様式を継承していたが、画一的な内容をもち、これによって全国に同一の暦が流通するようになった。暦頒布のプロセスを、つぎにみてみよう。

まず暦の原案は、天文方▲が作成し、それを京都の土御門家・幸徳井《こうとくい》家▲へ送る。

▼**天文方**　天体観測、暦の編集にあたる幕府の職掌。一六八四(貞享元)年に渋川春海が初代天文方に任じられる。

▼**幸徳井家**　賀茂氏の支流の一派が南都に住み、室町時代から幸徳井を称する。大乗院門跡《だいじょういんもんぜき》に仕えて、日時勘申《にちじかんしん》・祭祀・作暦などを行った。江戸時代には陰陽頭にもなるが、土御門家と争い敗れ、土御門家の下で暦注をつける作業に従事した。

京都では幸徳井家が暦注の部分をつけて、天文方に戻し、天文方でチェックを受けて、再度京都に戻り、大経師がそれを印刷する。これを「写本暦」という。

この写本暦は、幕府へ提出されて、幕府の機関を使って地方の暦師にゆきわたる。暦師は、写本暦をもとに翌年の暦を木版で刷り、天文方の校合を受けて合格すると、多量に印刷にかける。合格のときに、「押切《おしき》り」という出版許可書が発行される。暦師がつくった暦は、暦師自身が売ったり、配ったりすることもあれば、専門の業者や問屋がいて、販売・配布のルートに乗せることもあった。

貞享暦の内容を検討してみよう。室町時代の地方暦の系譜を引き、なかでも伊勢暦との共通点が多い。もともと伊勢暦は、南都暦、丹生賀茂家の暦の影響を受けていた。八十八夜・二百十日という伊勢暦記載の日が、貞享暦にも採録されているので、ますます伊勢暦とのつながりの濃いことがわかる。土御門家の門下には、伊勢暦師や南都暦師がいたので、その関係で伊勢暦、南都暦を参考にしたことは十分ありえる。

貞享暦の巻頭には、歳徳神《としとくじん》▲・金神《こんじん》▲・八将神《はっしょうしん》▲・土公神《どくじん》《どこうしん》▲・方位図が描かれ、そ

▼**歳徳神**　福徳をつかさどる神であり、この神がいる方角を「あきの方」「恵方《えほう》」といい、万事吉《きち》とする。

▼**金神**　方位の神。その方角に対して工事・移転・嫁とりなどを忌避《きひ》した。これをおかすと、七人が殺されるという金神七殺の伝承もあった。

▼**八将神**　暦の吉凶をつかさどる八神。年ごとにいる方角が変わり、その方角がタブーとなった。太歳《たいさい》・大将軍・大陰《だいおん》・歳刑《さいきょう》・歳《さい》破《は》・歳殺《さいせつ》・黄幡《おうはん》・豹尾《ひょうび》の八神。

▼**土公神**　土をつかさどる神。春は竈《かまど》に、夏は門、秋は井、冬は庭にあって、その場所を動かすことが忌まれた。

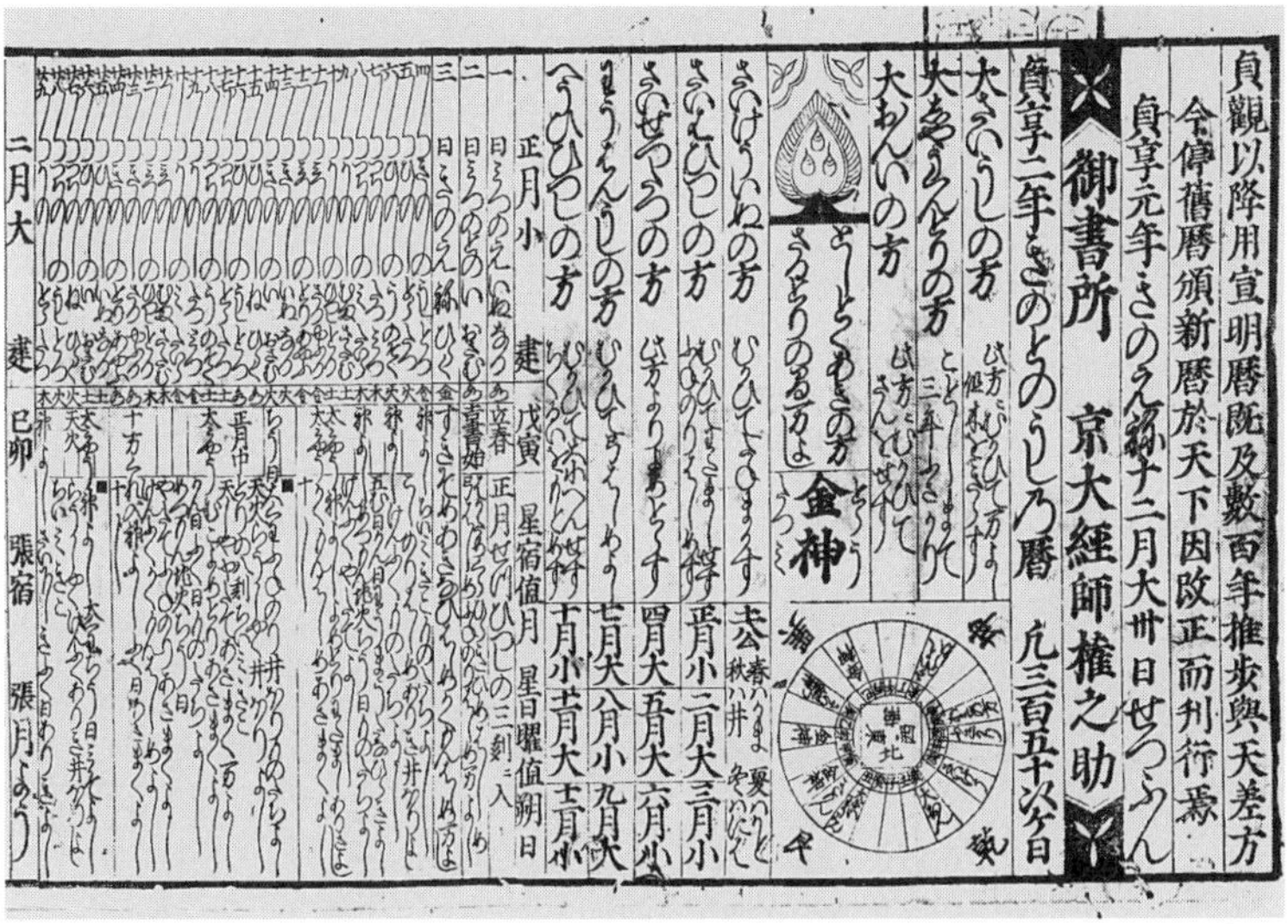

●──**貞享暦**　貞享 2（1685）年の大経師版。

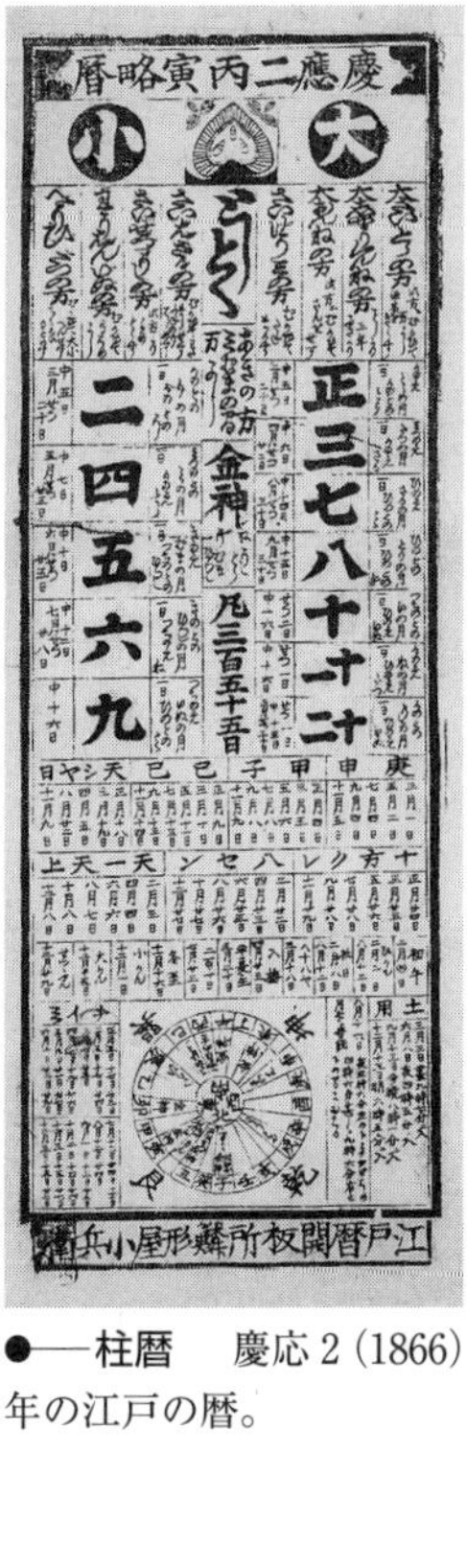

●──**柱暦**　慶応 2（1866）年の江戸の暦。

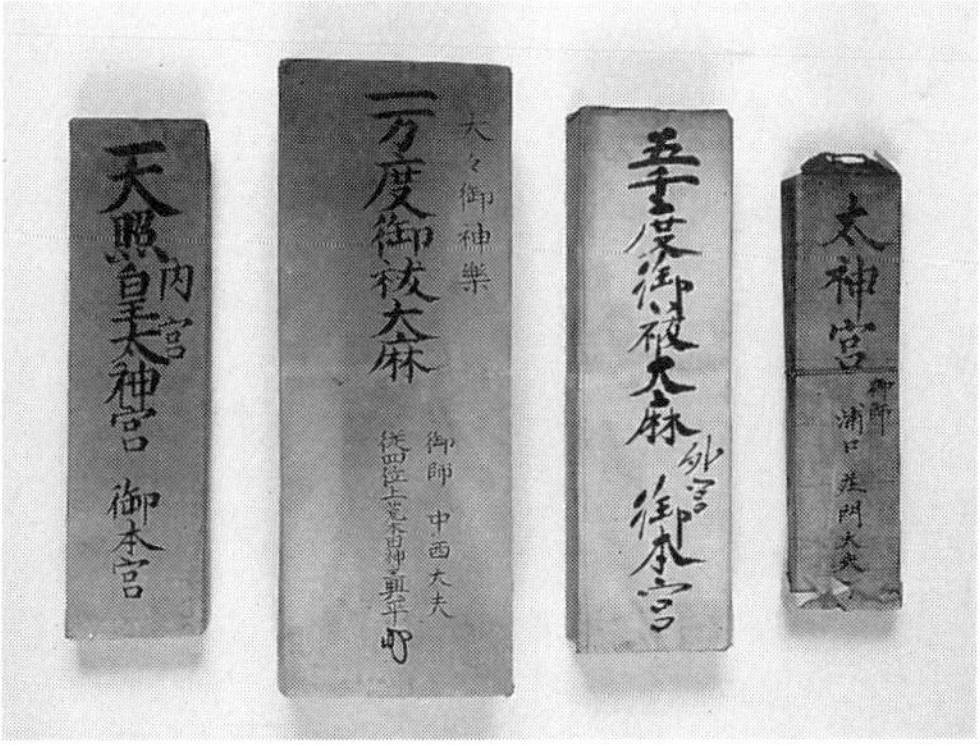

●──**伊勢神宮の大麻**（御祓い）

の年にどういう神がどの方角にいて、その方角の木を切ることはタブーであるとかが記されている。

巻頭の記載を担当したのは、土御門家・幸徳井家であった。八将神などの方位神は、中国暦にも記されており、日本独自とはいえないが、元来、平安貴族たちが畏怖《いふ》していた方位神信仰が、公家である土御門家によって、貞享暦の巻頭上で再現された。

京都の方位神信仰は、碁盤《ごばん》の目の京都という都市の空間構造と、そこに住む、生産活動と切断された公家の心情にそうものではあったが、貞享暦によって諸国の村や町で生活する人びとにも伝播し、普及した。なかでも金神・土公神は、一般社会にも広がり、祟《たた》りを起こす神として怖れと信仰の対象になった。貞享暦に明記された日の吉凶《きっきょう》は、冠婚葬祭や年中行事を行う際に、参照され配慮されて、吉の日を選び、凶の日を避ける意識を強めたことであろう。

暦の頒布——伊勢と江戸

中世末、伊勢の御師は、京都の大経師や丹生賀茂家より暦を購入していた。

近世になると、外宮《げくう》の山田町に暦師の店ができた。最初、山田町の暦師は、丹生賀茂家から訴えられ、大経師にも恫喝《どうかつ》された。幕府のほうは、暦師はいくらいてもかまわないという判断をくだし、新規参入者を歓迎した。そのために、しだいに暦師の家が増加した。

貞享暦以降は、山田町には、「暦あり」という看板をだし、あるいは「暦屋」という暖簾《のれん》を掲げる店が二〇軒ほどあったが、ふたたび大経師に訴えられて、看板や暖簾をはずさざるをえなかった。伊勢暦は、売るための売暦ではなく、無料で配布される賦暦であるというのが、もともと幕府が定めたルールであった。

伊勢では、売暦は禁止となり、暦は、もっぱら御師に売り渡されて、御師やその下で働く手代《てだい》が諸国で頒布した。御師や手代は、各地をまわり、「大麻《たいま》」「御祓い」と呼ばれるお札(三一ページ下右写真参照)を配布し、土産《みやげ》として伊勢暦を配った。檀家のほうは、土産の値段よりも少し多い金額を、初穂料《はつほ》として渡した。

江戸において暮れも近い十一月ごろに、裃《かみしも》すがたの御師が、挟《はさ》み箱をかついだ従者をつれて、檀家のところへ挨拶にいった。「来年も御伊勢さまへ参宮なされませんか。お出かけできないようでしたら、私に御初穂を頂戴できれば、代《だい》参《さん》の神楽《かぐら》を奏しあげます」といって、代参神楽の初穂料をもらって歩いていた。初穂料の金額によって、土産の種類は違っていた。最低限、伊勢暦一冊は渡される。金額が高くなると、それにつれ挟み箱から、いろいろな品物が、土産としてだされる。鰹節《かつおぶし》・帯・反物《たんもの》・白粉・茶・扇子《せんす》・櫛《くし》・青海苔・のし鮑《あわび》・鯨《くじら》などである。江戸川柳《せんりゅう》にも、御師の暦は詠まれている。三句ほど紹介しよう。

御しょうしとこよみとひじきばかり置

一年と大きな魚を台にのせ

伊勢暦太々と書く三ケ日

最初の句。初穂料が少なかったのであろう。御師が、お気の毒ですが（御笑止）といった顔つきで、暦とひじきをおいたところ。つぎの句は、一年とは暦のことで、暦と鯨を土産として台においたという。鯨がでたのは、初穂料をはずんだせいであろう。最後の句は、伊勢暦は一月三日までは太く書かれているが、あとは細い字で書かれている点を描写している。

伊勢には、御師という巨大な頒布組織があるために、作暦も地域の一大産業

●―暦売り(清水晴風筆『街の姿』)

になっていた。御師の頒布力によって、他の地域の暦を圧倒し、そのために伊勢暦への風当りは強く、トラブルの源にもなった。

江戸では一一軒の暦問屋があり、作暦・販売を独占していた。その販売網は、関東から東北までに広がっていた。各地に売弘所《うりひろめしょ》をおいて、そこを拠点にして販売していた。それとは別に、江戸では、暦売りが、辻や橋で売り声を張りあげて、大小柱暦(一枚の略暦、三一ページ下左写真参照)を四文で売っていた。

ここでも川柳、二句。

松風を寒がる橋の暦売り

己が身を柱に辻の暦売り

人どおりの多いところで立って暦を売る暦売りから、手軽に安い略暦を買うことができた。それだけ暦が、都市の人びとにとってもなくてはならないものになっていた。

貞享改暦以前では、地方暦は、私的に編暦・作暦されていたから、月の大小、日付の違いがあったとしても、それはそれで、かまわなかった。しかし改暦以降は、編暦は、天文方の業務となり、画一的な写本暦に基づき版行し、暦の内容は、全国的に一律的なものになった。江戸の暦問屋から買おうと、伊勢の御師から土産暦をもらおうと、暦の内容に違いはない。買う側からすれば、どこからか一冊をもらえば、ほかから買う必要はなかった。同じものを配り、売ることで、激しい過当競争が起こり、暦師のあいだでは訴訟が頻発した。

③ 綱吉と貞享暦

渋川春海と保科正之

一六八五(貞享《じょうきょう》二)年より実施された貞享暦は、実に八二三年ぶりの改暦によるものであった。これをつくった幕府の碁《ご》打ちであった渋川春海《しぶかわはるみ》▲は、いちやく時の人になった。将軍の徳川綱吉《とくがわつなよし》よりお褒《ほ》めの言葉をいただき、渋川春海は碁打ちをやめて、天文方《てんもんかた》という新しい職掌に任命された。綱吉や幕府の中枢は、このたびの改暦を幕府の事業として認識し、その成功を喜んでいた。他方、天皇や朝廷にとっても、一大慶事であった。前年に霊元《れいげん》天皇が、陰陽頭《おんみょうのかみ》の土御《つちみ》門泰福《かどやすとみ》▲へ改暦の宣下《せんげ》をだして、土御門家が改暦を行ったと考えていたからである。そこでは渋川春海は、土御門家の補助員と認識されていた。天皇は、新しい暦を幸徳井《こうとくい》家よりささげられており、時をおいて将軍は、同じ新しい暦を渋川春海よりささげられていた。

幕府と朝廷が、改暦という同じ事業を、おのおのの立場から喜び、歓迎していた。貞享改暦は、双方の関係が良好でなくては、ありえなかった。朝廷復興

▼**渋川春海**　一六三九〜一七一五年。幕府の碁打ち安井算哲の子。岡野井玄貞《おかのいげんてい》らに天文暦学を学び、山崎闇斎に垂加神道を学ぶ。初代天文方になる。貞享改暦を行い、土御門泰福より安家《あんけ》神道を受けて、みずからの土守《つつもり》神道を創始する。

▼**土御門泰福**　一六五五〜一七一七年。山崎闇斎に垂加神道を学び、陰陽道の立場を安家神道・天《てん》社《しゃ》神道と呼称する。一六八三(天和三)年に将軍の朱印状《しゅいんじょう》により陰陽師の支配を開始する。渋川春海の貞享改暦に協力した。

を政策としていた綱吉の時期に、改暦がなされたことは、その意味では当然であった。しかし改暦の実現には、もう少し長い準備期間を必要としていたのも、事実であった。それは、前将軍の家綱《いえつな》の就任にまでさかのぼる物語である。

一六五一(慶安《けいあん》四)年、三代将軍徳川家光《いえみつ》が思いがけず病死したあと、残されたのは、一一歳の少年、家綱であった。この少年が、将軍職を継ぐが、もちろん政治を差配することはできなかった。今まで家康《いえやす》・秀忠《ひでただ》・家光と将軍のカリスマの力によって維持されてきた幕府政権は、あらたな事態に直面した。家光時代の老中《ろうじゅう》であった酒井忠勝《さかいただかつ》・松平信綱《まつだいらのぶつな》・阿部忠秋《あべただあき》、そして家綱の後見人であった保科正之《ほしなまさゆき》▲が、少年将軍を支えて、新しい時代を乗りきろうとしていた。政治体制の風景は、将軍親裁《しんさい》から老中合議制《ごうぎせい》へと大きく様変わりしていた。老中合議制は、すでに家光期からあったが、家綱期に機能を発揮し、江戸時代の政治の基調をつくった。

家綱が青年になった折に、幕府は、大々的に将軍の権威をまつりあげるため、一六六三(寛文《かんぶん》三)年、日光社参《にっこうしゃさん》を実行して、幕府の支配体制が、あらたな段階に踏み込んだことを印象づけた。その後、武家諸法度《ぶけしょはっと》の改定、禁中《きんちゅう》並《ならびに》公家《くげ》

●――渋川春海作の天球儀

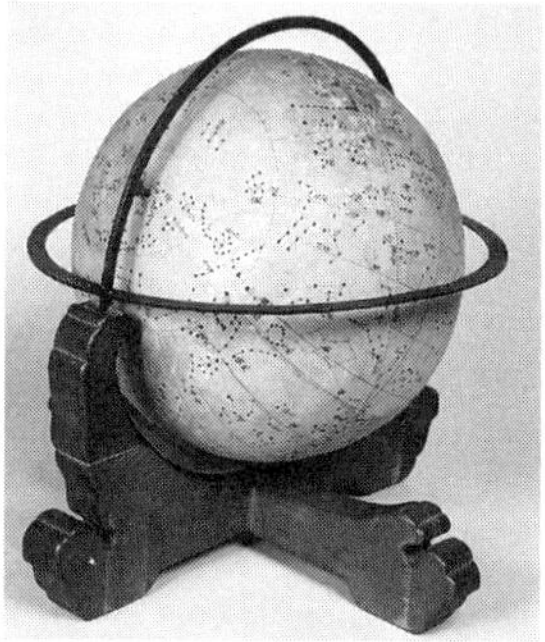

▼保科正之　一六一一〜七二年。会津藩主。徳川秀忠の四男で、信濃《しなの》高遠《たかとお》城主保科家の養子となる。家督を継ぎ、会津二三万石に移る。幕政に深くかかわり、藩政にも尽力し、名君とたたえられる。

▼諸社禰宜神主法度　一六六五(寛文五)年に幕府が、神社・神職の統制のためにだした法令。中小の社家《しゃけ》の位階は、吉田《よしだ》家の執奏《しっそう》を受け、装束《しょうぞく》も吉田家の許状を受けるように命じており、吉田家による神職支配を進める根拠となった。

▼**徳川光圀**　一六二八～一七〇〇年。水戸藩主。『大日本史』の編纂に着手。藩士の規律・勧農・寺院整理などを通じて藩政の安定につとめる。

▼**林鵞峯**　一六一八～八〇年。林羅山《らざん》の子で、林家《りんけ》を継ぐ。羅山とともに『寛永諸家系図伝《かんえいしょけけいずでん》』などを編纂する。外交文書や修史にかかわった。

▼**吉川惟足**　一六一九～九四年。神道家。江戸で生まれて、江戸で吉田神道の継承者萩原兼従《はぎわらけんじゅう》に学ぶ。朱子学を吉田神道に取り入れた教えを説いた。諸大名に重用されて、幕府神道方になる。

▼**山崎闇斎**　一六一八～八二年。僧侶であったが、土佐《とさ》で谷時中《たにじちゅう》に朱子学を学び、還俗《げんぞく》し、儒学者となる。朱子の原点への復帰を説きつつ、朱子学と神道を融合させた垂加神道を創始した。多数の門弟がおり、崎門学派《きもんがくは》と呼ばれた。

諸法度《しょはっと》の再発布、寺院法度と諸社禰宜神主法度《しょしゃねぎかんぬしはっと》▲の発布など、国家の基本となる法が整備された。幕府政治の仕切りなおしがなされた。武家諸法度改定においては、保科正之の発案によって、殉死《じゅんし》の禁止が諸大名《だいみょう》に伝えられた。

武威《ぶい》や主従関係を重視する時代が終って、儀式や教養を重んじる時代へと時代は移行しつつあった。このあらたな仕切りなおしの時期に、長くとだえていた改暦を行うことは、支配者にも民衆にも大きなインパクトをあたえるはずであった。儒教《じゅきょう》に傾倒していた保科正之は、中国的な「観象授時《かんしょうじゅじ》」を十分に意識していたと思われる。同じころに、徳川光圀《みつくに》▲の『大日本史《だいにほんし》』、林鵞峯《はやしがほう》▲の『本朝通鑑《ほんちょうつがん》』など、歴史書編纂が始められていた。

保科正之のまわりには、吉川惟足《よしかわこれたり》▲・山崎闇斎《やまざきあんさい》▲が訪れて、神道《しんとう》や儒教の講義を行い、ともに語りあうサロン的な雰囲気があった。渋川春海は、サロンに出入りする一人であった。囲碁《いご》の家、安井《やすい》家の跡とりの息子であり、二世安井算哲《さんてつ》を名乗った。父である初代安井算哲は、保科正之の囲碁の相手をしてきており、保科正之は、渋川春海のことを少年のころから知っていた。この少年は、計算がすこぶる得意で、天文暦学に人なみはずれた興味を示していた。保科正之は、少年の才覚をみぬいていた。つぎのような逸話が残っている。

あるときに保科正之が安井算知《さんち》▲と囲碁を行っていたときに、なにか心配事があったらしく、算知がそれをたずねた。「大事の役をおおせつけるのだが、どちらにしようかと迷っている」と保科正之がいうと、算知は、「囲碁の道では迷ったときには、最初に考えたとおりに決心するのがよいものです」と助言をあたえた。それを聞いてから保科正之は、しばらく思慮したあとで、「よし決めた」と述べたという(『千載之松《ちとせのまつ》』)。

それというのも、渋川春海は、少年のころより天文暦学を志し、家業の囲碁をないがしろにして、後見人の算知をいつも困らせていた。ならば囲碁の上手はほかにもたくさんいるから、渋川春海には、天文暦学に精をいれるように命じるようにしようか、どうかという案件であった。保科正之の決心とは、渋川春海を天文暦学に専念させようというものであった。この逸話は、算知が江戸の会津《あいづ》藩邸に住込みで、常日頃、保科正之の囲碁の相手をしていた事実からみて、十分にありえる話である。

碁打ちである渋川春海は、冬・春を故郷の京都ですごし、夏・秋を江戸です

▼**安井算知**　一六一七〜一七〇三年。碁打ち。初代安井算哲の門弟で、安井家を継ぐ。渋川春海の後見人であった。

ごしていた。碁打ちにとって十一月に江戸城で将軍の前で行う御城碁《おしろご》が、もっとも大切な役目であった。渋川春海は、御城碁にも備えながら、天文暦学の計算、観測を行っていた。京都に戻ると、山崎闇斎や闇斎の門弟たちと交際していた。

挫折を越えて

保科正之がなくなった翌一六七三（延宝《えんぽう》元）年に、渋川春海は改暦の上表文《じょうひょうぶん》を将軍家綱へ上呈した。同時に『蝕考《しょくこう》』という、日食《にっしょく》・月食《げっしょく》を予想した書物もさげた。その上表文のなかで、渋川春海は改暦の重要性を説いて、「すみずみまで暦を正しいものにし、つつしんで天時に順じて、暦を革《あらた》めることを望みます。そうすれば、百穀は、ますます成熟し、万民はいよいよ豊饒《ほうじょう》になりましょう。そして後世を助けることがありましょう。これらが、聖教の先務であり、王者の重事であります」と述べている。いかに改暦が、生産活動と王者の政治にとって、必要なものかを訴えている。幕府の老中たちは、『蝕考』に記された食があたるかどうかを見守っていた。

ところが、一六七五(延宝三)年五月朔日の日食の予想がはずれてしまい、改暦熱は、一気にさめていく。当時、大老《たいろう》であった酒井忠清《ただきよ》▲は、渋川春海の予告は、あたることもあれば、あたらないこともあると述べて、渋川春海への不信感を隠さなかった。もともと酒井は、改暦など無用だと考えていたが、保科正之の遺言であるので、むげに斥けなかっただけであった。江戸では下馬《げば》将軍と評されて、家綱政権で最大の実力者である酒井に排除されれば、復権することはありえなかった。改暦の話は、幕府のなかから消えてしまった。しかし渋川春海は、師匠にあたる山崎闇斎に励まされながら、日食や冬至《とうじ》の観測を続けた。

下馬将軍が、長期にわたって政権の座にいたならば、改暦はなかったはずである。ところが家綱が四〇歳で死去し、一六八〇(延宝八)年綱吉が新将軍に就任した。綱吉が初めに行ったことは、権力者であった酒井を引退させ、みずからが政治の舞台に立つことであった。渋川春海にも、もう一度チャンスが訪れた。再度、こんどは綱吉に改暦の上表文をささげた。綱吉のほうも、積極的であった。綱吉は、儒教や儀式を重視した保科正之の政策を継承しようとしていた。綱吉は、さっそく渋川春海に改暦を命じた。

▼酒井忠清　一六二四〜八一年。老中・大老となり、家綱政権では幕政の実権を掌握する。屋敷が大《おお》手前《てまえ》下馬札前にあったことから、下馬将軍と呼ばれた。

▼授時暦　元《げん》の郭守敬《かくしゅけい》がつくった暦法。行用年は、一二八一〜一三六七年。イスラーム暦の影響を受けた暦法。天体観測を行い、計算においても最高の知識が用いられて、中国暦において最優秀の暦法とされる。

渋川春海は、京都に赴き、土御門泰福と観測を行い、土御門は、改暦を霊元天皇へ上奏《じょうそう》した。渋川春海が授時《じゅじ》暦▲に基づき製作した暦法は、公家《くげ》たちのあいだでは評判が悪く、かわって明《みん》の大統《たいとう》暦で改暦すべきと決議され、霊元天皇の宣下も、そのような内容になった。驚いた渋川春海・土御門泰福は、関白《かんぱく》の一《いち》条兼輝《じょうかねてる》▲に働きかけて、もう一度上奏し、天皇の宣下をだしてくれるように要請した。渋川春海たちは、観測を継続し、自分たちの暦法を整備した。渋川春海も土御門泰福も、山崎闇斎の門弟であり、『日本書紀《にほんしょき》』の神代巻を重視する垂《すい》加《か》神道▲の立場に立っており、中国暦をそのまま受容することをいさぎよしとはしなかった。マテオ＝リッチの世界地図▲を参照し、中国と京都との距離（里差《りさ》）をはかり、それを繰り込んで計算を仕上げ、自分たちの暦法を「大和《やまと》暦」と呼んだ。ちょうど山崎闇斎が、朱子学《しゅしがく》に学びながらも、みずからの思想的立場を神道にすえたように、渋川春海も、中国暦法に学びながら、京都を中心にした大和暦を製作した。再度の天皇の宣下で、渋川春海たちの暦法が採用されたが、名称は「貞享暦」という元号《げんごう》に基づくものに落ち着き、その後の暦法名も、元号名で呼ばれるようになった。

▼一条兼輝　一六五二〜一七〇五年。霊元天皇と近衛基熙《このえもとひろ》の不和を背景にして、左《さ》大臣基熙を越官《おっかん》し、関白に就任する。霊元天皇の信頼が厚かった。

▼垂加神道　山崎闇斎が提唱した神道説。朱子学を踏まえて、伊勢神道・吉川神道・安家神道などの諸神道説を摂取したうえで構築された総合的な神道説。

▼マテオ＝リッチの世界地図　イエズス会宣教師《せんきょうし》マテオ＝リッチは、一五八二年に中国に布教のため到着したが、中国人に天文学・観測を教え、尊敬された。一六〇二年に世界地図『坤輿万国全《こんよばんこくぜん》図《ず》』を刊行した。

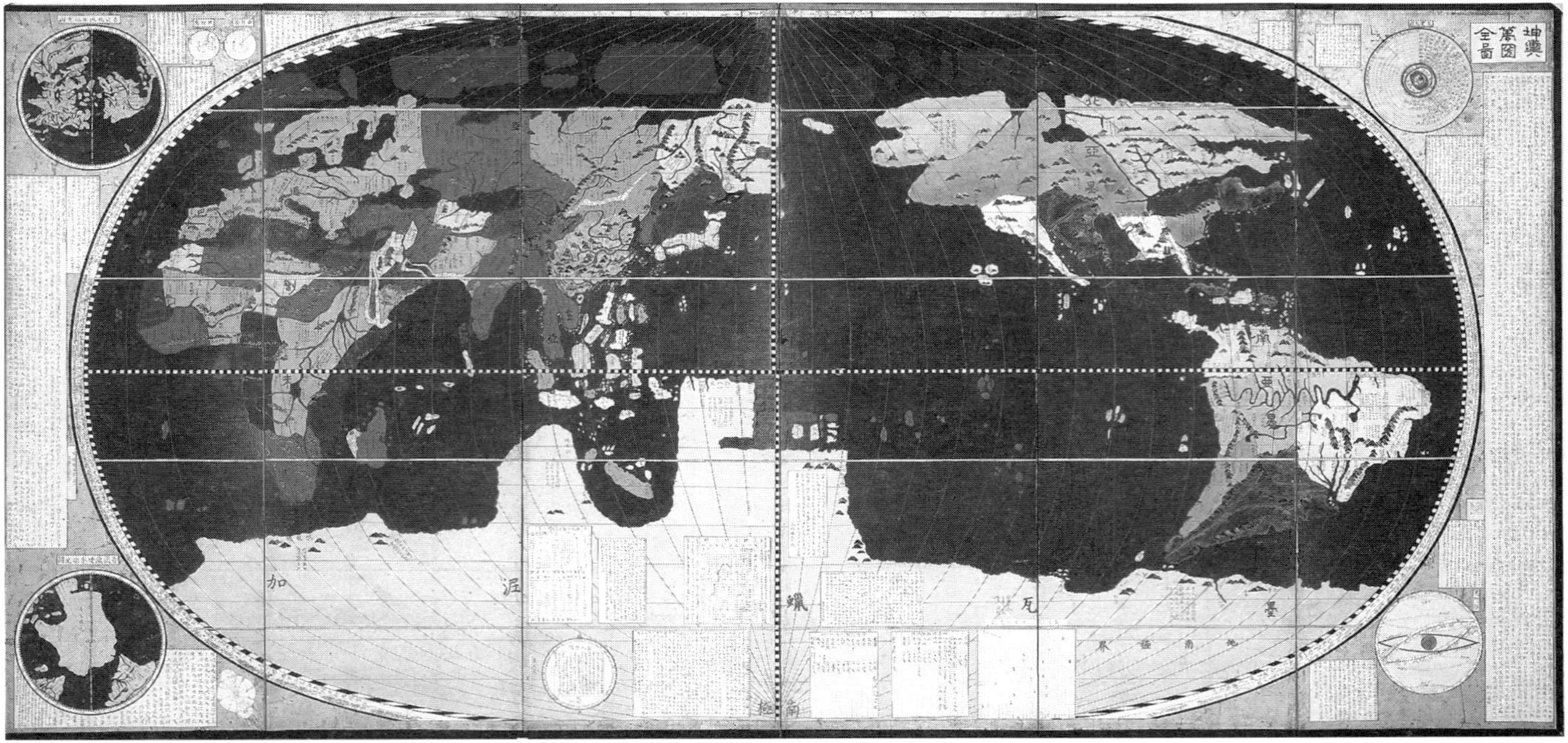

●──『坤輿万国全図』(名取春仲模写。六曲屏風，縦176cm・横363cm)

▼隆光　一六四九〜一七二四年。新義真言宗《しんぎしんごんしゅう》の僧。湯島の知足院《ちそくいん》の住持となり、将軍家の祈禱をつとめる。徳川綱吉とその母の桂昌院《けいしょういん》の帰依を受ける。生類憐みの令は、隆光の奨《すす》めであるといわれている。

綱吉と天文方

綱吉は、貞享改暦を行った渋川春海を、幕府の天文方に任命した。天文方の仕事は、あらかじめ定まったものではなかった。おもな仕事は、毎年の暦の草稿作成にあった。門弟になろうとする人も多くいて、渋川春海は、彼らに暦算術を教授していた。また天体観測を継続し、天変が起こったときには綱吉に報告した。ちょうど天文博士《てんもんはかせ》が天皇へ天変を報告する天文密奏《てんもんみっそう》と同じことを、渋川春海は実践した。

天変は凶事の前ぶれであることもあり、渋川春海は率直に凶事の前ぶれであり、祈禱《きとう》を行うべきであることを、天文密奏として申しそえた。すると将軍は、護持僧《ごじそう》であった隆光《りゅうこう》▲に祈禱を行わせて、天変にあらわれた凶事を回避しようとした。渋川による将軍への天文密奏→将軍からの隆光への祈禱命令、という連携プレーであった。この天文密奏の実施は、渋川春海の進言によって始まったことかもしれないが、誰よりも綱吉が、望んだことであった。

綱吉が、朝廷に由来する文化を移入しようとした証拠は、天文方設置だけではなく、神道方・歌学方《かがくかた》の設置にもみられた。将軍のまわりに、朝廷で育まれた文化的香りをただよわせる儀式や趣味が再現された。天文密奏も、その一つだったのである。神道方は吉川惟足の家で、歌学方は北村季吟《きたむらきぎん》の家で継承されていくように、天文方も、渋川家で継承されていった。神道方・歌学方では、家学として有職故実《ゆうそくこじつ》が伝授されたが、天文方のように、暦算術やテクノロジーにかかわる能力が問われる世界でも、世襲制が適用されたところに、悲劇の芽があった。

　渋川に改暦を命じたのは、家綱政権を支えていた保科正之と、綱吉であった。家康によって礎が築かれた幕府の体制をいかにして継続的に維持していくのかに、この時期の支配の頂点にいた人たちは腐心していた。「武威から儀礼へ」という言葉で、時代の変容が説明されることもあるが、儒教が武士の教養として根づき始め、むきだしの武力の行使は「覇道《はどう》」として斥けられて、めざすべきは、仁政を心がけた「王道《おうどう》」であるという儒教的言説が、為政者たちの心をつかんだ。山崎闇斎の講義を聴いていた保科正之、明の遺臣朱舜水《いしんしゅしゅんすい》に帰依《きえ》した徳川光圀、みずから四書《ししょ》を講義した綱吉は、「王道」の政治を実行し、名君《めいくん》たらんとした。儒教が日本社会に本格的に受容され、儒学者《じゅがくしゃ》が輩出され、為政者の知恵袋とし

▼**神道方**　幕府において神道の事柄を調べる職。一六八二(天和二)年に綱吉により吉川惟足が任命され、吉川家の世襲の職となる。

▼**吉川家**　吉川惟足を初代とする家。代々、神道方を世襲する。

▼**歌学方**　綱吉は、北村季吟を招き将軍家および諸家の詠歌《えいか》指導を行わせ、一六八九(元禄二)年に季吟・湖春《こしゅん》親子が歌学方となる。代々北村家が継ぎ、詠歌の指導、歌書の研究に従事した。

▼**北村家**　北村季吟を初代とする家。歌学方を世襲する。

▼**朱舜水**　一六〇〇〜八二年。明末の儒学者。明の復興をはかるが実現できず、一六五九(万治《まんじ》二)年に長崎に亡命した。徳川光圀に招かれ儒教を教え、日本の儒学者に大きな影響をあたえた。

て活躍する時代になった。

綱吉の文化プロジェクト

綱吉は、一六八〇(延宝八)年以来、一七〇九(宝永《ほうえい》六)年になくなるまで、二九年間将軍の職に就き、将軍親裁を行った。譜代《ふだい》大名・旗本《はたもと》を処分し、世襲代《だい》官《かん》をやめさせ、譜代の老中を牽制して、将軍の意志をとおすために側用人《そばようにん》政治を行った。政治史の研究をみると、将軍就任後の綱吉の政策は、「天和《てんな》の治《ち》」と呼ばれて、高く評価されているが、のちになると生類憐《しょうるいあわれ》みの令《れい》▲を継続させ、幕府の財政赤字をふやし、政治を側用人にまかせていたという理由で、よい評価はなされてはいない。

生類憐みの令は、綱吉の後継者であった家宣《いえのぶ》が将軍に就任すると、即廃止とされ、いかに同時代人を悩ませ、苦しめた法令であったかがわかる。貞享改暦もまた、将軍就任後、綱吉が着手した改革の一つであった。

将軍就任に際して、綱吉は、武家諸法度の第一条で、旧来の第一条にあった「文武弓馬《ぶんぶきゅうば》の道《みち》」の文言は削除して、「文武忠孝を励し、礼儀を正すべき事」と改

▼**生類憐みの令**　徳川綱吉が、一六八五(貞享二)年以降、生類への虐待を禁止する法令を発令した。生類には、牛・馬・鳥類・魚介類を含んだが、とくに犬の保護が行われた。それとともに捨子・行路《こうろ》病者《びょうしゃ》の保護もほどこされた。一七〇九(宝永六)年に廃止となる。

めた。武道にかわって、忠孝、礼儀などの上下の秩序が、第一に重んじられるようになった。生類憐みの令がだされたときには、綱吉は、「下々《しもじも》の者も、仁心《じんしん》をもって犬、馬に対するべきだ」と述べ、それができずに動物虐待にこりない者は、不仁なる儀だと非難している。そこには、仏教的な慈悲の思想と儒教的な仁の思想をあわせて、広く浸透させようとする意欲がうかがわれる。

また綱吉は、近親者の服忌《ぶっき》に関して規定をつくり、服忌令▲として社会的普及につとめた。家族・親族がなくなったときに、喪の期間を詳細に規定したものであった。親族が喪に服することは、礼のもっとも重要な側面であった中国儒教的な喪服制度にならうことであり、家族・親族の序列を意識させることであった。服忌令は、まず武士層に広がり、しだいに一般の民衆にも用いられるようになった。

一六九〇（元禄《げんろく》三）年には、幕府は湯島聖堂《ゆしませいどう》▲を移転建立し、林鳳岡《ほうこう》▲を学頭《がくとう》に任じたが、そこには儒教重視の方針がうかがえる。しかし儒教だけを優先させたわけではなく、仏教・神道にも目をくばり、さらに陰陽道《おんみょうどう》も、一六八三（天和三）年、土御門家の陰陽師《おんみょうじ》支配を容認することで推進させた。一六八二（天和

▼**服忌令**　近親者に死者がでたときに、服喪と忌《い》みの期間を定めて、それが遵守されてきた。古代令制《りょうせい》に服喪の制があったが、一六八四（貞享元）年に徳川綱吉が全国に服忌令を発布して、社会に浸透させた。

▼**湯島聖堂**　幕府が江戸湯島に建てた孔子廟《こうしびょう》。一六三二（寛永《かんえい》九）年に林羅山が上野忍ケ岡《うえのしのぶがおか》に建てた孔子廟を、九〇（元禄三）年に綱吉が湯島に移転改築した。

▼**林鳳岡**　一六四四〜一七三二年。林家を継ぎ、家綱から吉宗《よしむね》までの将軍五代に仕える。湯島聖堂が造営されて、大学頭《だいがくのかみ》となる。林家が代々大学頭を世襲した。

二)年には先に述べたように、吉川惟足が、神道方に任じられている。和歌の道である歌学も重視され、一六八九(元禄二)年には歌学方が設けられ、北村季吟▲が任じられた。

このように綱吉の施政を列挙していくと、貞享改暦と天文方設置は、孤立した政策ではなく、文化プロジェクトの一環であったことがわかる。神道方の吉川惟足、天文方の渋川春海は、どちらも保科正之によってみいだされた人物であったことを考慮すれば、綱吉は、保科正之の路線を継いだということができる。渋川春海に行わせた天文密奏もまた、朝廷で天皇に対して行われていた慣行を摂取した例であった。文化プロジェクトの結果、綱吉のまわりには、儒教、仏教、朝廷文化などによってかざられた、はなやいだ文化の香りが立ちこめていた。高埜利彦氏がつとに指摘したように、綱吉は、東照大権現《とうしょうだいごんげん》中心の思想のほかに、「天皇・朝廷を将軍家の権威の源泉として強調させ始めた」のであった。

▼**北村季吟**　一六二四〜一七〇五年。俳人・歌人。京都で俳諧《はいかい》・和学《わがく》を学ぶ。幕府の歌学方になる。門人に松尾《まつお》芭蕉《ばしょう》などがいる。

④ 天文方と渋川家

渋川家の悲劇

綱吉《つなよし》は、貞享《じょうきょう》改暦を行った渋川春海《しぶかわはるみ》を、幕府の天文方《てんもんかた》に任命した。神道《しんとう》方《かた》・歌学方《かがくかた》では、家学《かがく》として有職故実《ゆうそくこじつ》が口伝により伝授されればよかったが、天文方のように、暦算術やテクノロジーの能力が問われる世界では、世襲制による家業の維持には無理があった。

渋川春海のもとには、暦学をならいたいという人びとが集まってきた。京都からも後から暦博士《はかせ》になる幸徳井友親《こうとくいともちか》が、渋川春海に暦法をならいにきた。ほかにも谷秦山《たにしんざん》▲・跡部良顕《あとべよしあきら》▲・遠藤盛俊《えんどうもりとし》▲などが、暦学を学習しに訪れて、門弟になった。谷秦山が入門したときには、暦、時刻制度、天文現象、観測の道具などを教えられるとともに、神道や歴史も学習し、土守《つつもり》神道▲の奥義《おうぎ》である日月食《にちげっしょく》の日時の推算方法を伝授されて、そののちに神道免許をあたえられた。

今の私たちの目には、食、時刻を求めるテクノロジーの面と、神道や歴史という有職故実的な面が、奇妙に融合しているようにみえるが、天文暦学と神道

▼**谷秦山**　一六六三〜一七一八年。土佐《とさ》の神道家・儒学者《じゅがくしゃ》。山崎闇斎《あんさい》の門下にはいり、垂加神道を学び、渋川春海から天文暦学を学ぶ。土佐の学問の興隆につくした。

▼**跡部良顕**　一六五八〜一七二八年。山崎闇斎から垂加神道を学び、渋川春海からも暦学の伝授を受けた。神道と儒学を兼学し、江戸における垂加神道の普及につとめた。

▼**遠藤盛俊**　一六七二〜一七三四年。仙台藩主の命によって渋川春海の門下になり、藩の天文方になる。渋川家の秘伝を受け継ぐ。

▼**土守神道**　渋川春海が創始した神道。土御門家の安家神道を継承したもの。

とを不可分で一体とするところにこそ、垂加《すいか》神道の門弟、渋川春海の真骨頂があった。

息子の昔尹《ひさただ》は、父の学問のよき理解者であり、渋川家の由来に多大な関心をよせて、天文方を継承する立場にあった。一七一一(正徳《しょうとく》元)年に、渋川春海は家督を昔尹に譲り、天文方も譲り、隠居の身になった。ところがこの息子が、突然に病に倒れて、一七一五(正徳五)年に三三歳の若さで病死する。

やむなく渋川春海は、甥にあたる敬尹《ひろただ》を昔尹の養子とし、家督を譲ることになる。昔尹におくれること半年で、渋川春海も死去する。享年七七歳であった。その後、天文方の職は、渋川家によって世襲的に継がれていくが、家督の継承者の早死や病気で、学問の継承は容易ではなかった。順風満帆にみえた渋川春海の人生に、最後のところで思わぬ悲劇が待ち受けていた。

そもそも編暦や計算、観測というテクノロジーの面が、世襲制によって維持され、よりよい方向で発展するものなのか、という疑問はあろう。将軍職をはじめとして、世襲制が組織の維持のための根本原理となっていた近世社会では、天文方も例外ではありえなかった。幕閣《ばっかく》も、天文方の世襲化について問題があ

ると は考えていなかった。

仙台藩では、渋川流の天文暦学が継続的に学ばれたが、世襲制ではなく、門弟のなかのもっとも優秀な者に伝授するというやり方であった。世襲制と能力主義という、ともすれば二律背反する矛盾が、天文方の運命に楔のように打ち込まれていた。

昔尹が三三歳の若さでなくなり、渋川春海は茫然自失したことであろう。急遽、甥の敬尹に家督を継がせたのは、渋川家が、このままでは天文方の職を失うという危機感があったからであろう。渋川敬尹は、碁《ご》打ちになる予定であったから、天文暦学の勉強などしたことがなかった。なくなる前に渋川春海は、信頼できる門弟、遠藤盛俊に、天文暦学の道具、秘伝の書物などをいったん預けた。いつか渋川家に、能力的にふさわしい人材があらわれたときに返伝してほしいと、遠藤に言い含めた。

渋川春海が、大勢の門弟のなかで遠藤盛俊を選んだのは、遠藤盛俊であれば仙台藩の初代天文方であり、大藩の後ろ盾を期待できると考えたためではなかろうか。たとえ遠藤盛俊がなくなった後でも、仙台藩の天文方関係者が、重要な道具・書物を保存、継承してくれると考えたためであろう。遠藤盛俊は、渋川家の血縁を引く後継者たちの能力を見守っていた。遠藤盛俊と、彼の門弟である入間川市十郎《いるまがわいちじゅうろう》は、渋川家の後見人の役割を果たしていた。

仙台天文暦学と天文方

　三代目になった渋川敬尹は、病気がちで、天文方の仕事を行わなかった。天文方を管轄していた寺社奉行《じしゃぶぎょう》は、下級武士であった猪飼正一《いかいしょういち》▲を暦作御用手伝として、渋川敬尹につける。理由は、渋川敬尹が天文暦学に「不鍛錬」であったからである。猪飼が、毎年の編暦に従事していたと思われる。渋川敬尹が病弱であったので、渋川家の後見人であった遠藤盛俊は、みずからの門下である仙台藩士入間川市十郎を推挙し、入間川は、渋川敬尹の養子となり、敬也《ひろなり》と名乗った。渋川敬尹は三一歳の若さで死亡し、そのあとを渋川敬也(入間川市十郎)が四代目の家督を継ぎ、天文方の職に就いた。

　ところが、渋川敬也も家督を継いで一年もたたないうちに死亡したが、変死であった。江戸の巷《ちまた》では、毒殺説がささやかれる。渋川春海なきあと、遠藤盛

▼**猪飼正一**　?〜一七四二年。渋川家のもとで編暦の手伝いを行い、天文方となる。しかし吉宗が「貞享暦法は誤りが多いのではないか」と尋ねたとき、能力にとぼしく答えることができなかったという。

俊が、渋川家の後見人となって、天文方を維持するために、門弟の渋川敬也といっしょになって、天文方の学問を盛り立ててきた。しかし遠藤盛俊・渋川敬也からの支援を好まない人たちもいた。

青木千枝子氏は、いわゆる毒殺説は、噂だけではなく、根拠があるものだと唱えている。渋川敬也が、渋川家の家督を継ぎ、天文方になったことを、好ましくないと思う人たちがいたことになる。渋川春海の血縁を引く者が、天文方を継げばよいのであって、非血縁者がはいるべきではないと考え、渋川家の血筋に固執する人たちがいた。もちろん渋川家関係者であり、青木氏は、渋川春海の姪で、渋川敬尹の姉であった女性が、毒殺の被疑者だと推定する。毒殺説は、当時からあったものだった。

遠藤盛俊たち仙台藩天文暦学者と渋川家とは、渋川敬也の死亡以降、疎遠になった。実は渋川敬也は、いつか幕府の天文方と朝廷の暦博士の両方に暦学を伝授しなくてはならない日がくると予想し、両方に対応できるように二人の人物に伝授しておいた。一人が佐竹義根《さたけよしね》▲であり、もう一人は戸板保佑《といたやすすけ》▲であった。渋川敬也は、佐竹義根には、いずれは渋川家に道具・書籍などを返還すること

▼佐竹義根　一六八九～一七六七年。遠藤盛俊・渋川敬也について天文暦学・安家神道を学ぶ。土御門家に書簡を書き、土御門家の門人と認められる。仙台藩天文暦学を門弟に伝授する。

▼戸板保佑　一七〇八～八四年。仙台藩の数学者・暦学者。関孝和《せきたかかず》流の数学を学び、仙台の地に伝える。遠藤盛俊の門弟となり、天文暦学を学ぶ。宝暦改暦では京都に招かれて、観測に従事した。

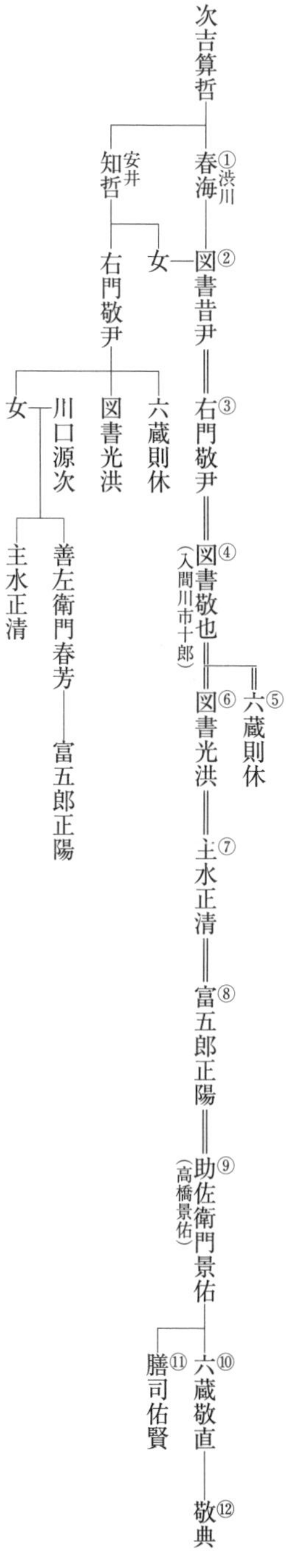

●──渋川家の系図（○の中の数字は天文方就任の代を示す。＝は養子縁組。渡邊敏夫『日本の暦』を一部改変）

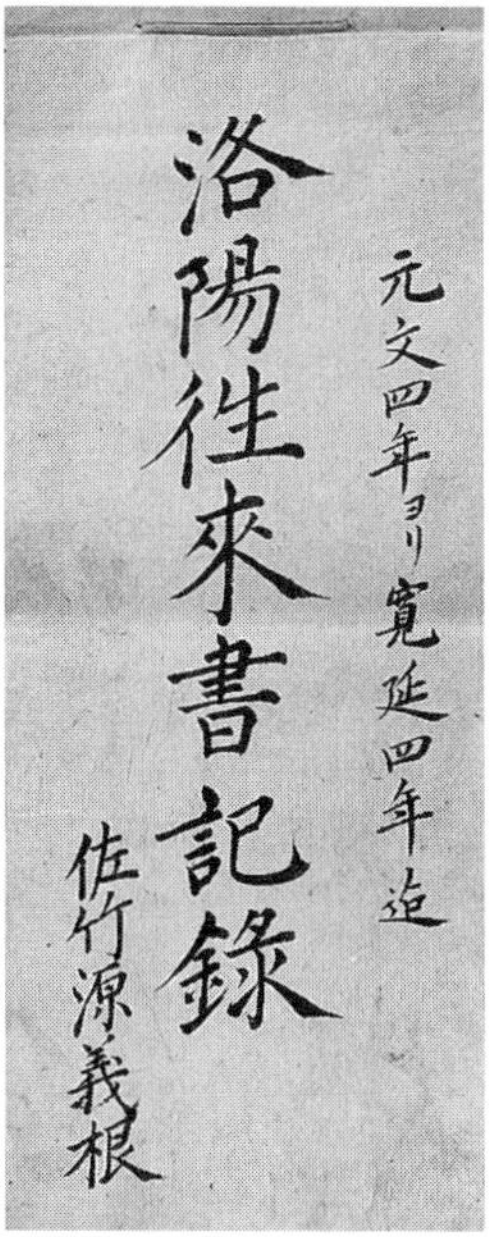
洛陽往來書記錄
元文四年ヨリ寛延四年迄
佐竹源義根

●──佐竹義根『洛陽往来書記録』（元文4 〜寛延《かんえん》4〈1739〜51〉年）

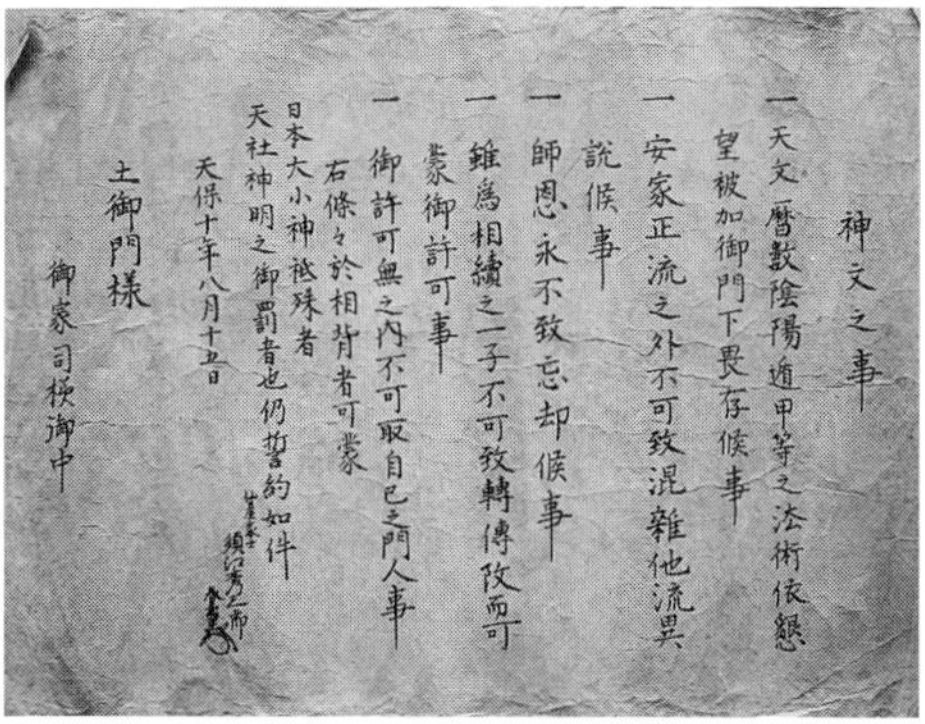
神文之事
一 天文暦數陰陽道甲等之法術依懇望被加御門下畏存候事
一 安家正流之外不可致混雜他流異説候事
一 師恩永不致忘却候事
一 雖爲相續之一子不可致轉傳叚而可蒙御許可事
一 御許可無之内不可取自己之門人事
右條々於相背者可蒙日本大小神祇殊者天社神明之御罰者也仍誓約如件
天保十年八月十五日
土御門様
御家司様御中

●──土御門家門下入りのための誓約書

を頼んでいた。渋川春海が開発した貞享暦に関する道具・知識・テクノロジーは、すべて仙台藩天文暦学者に受け継がれ、渋川家には、必要となる道具・書籍などは存在しなかった。もとより能力を備えた人材が輩出する可能性は、ほとんどなかった。渋川家の空洞化は、目もあてられぬ状況になった。

土御門家と仙台藩天文暦学の交流

仙台藩の天文暦学では、学術・書籍の継承にあたっては、世襲制は排除して、優秀な門弟に伝授する能力主義をモットーにしていた。才能ある人材が、後継者になった。しかし問題点もなくはなかった。渋川春海の天文暦学を忠実に受け継いできたのは、いつかは渋川家に返伝するためであったが、現実には渋川家との関係は冷え切っていた。仙台藩の天文暦学は、その正統性の根拠を見失いつつあった。

渋川家とつながっていてこそ、後見人の継承者として、返伝は意味をもつ。そうした状況のなかで、渋川春海は元来、土御門《つちみかど》家の門弟であったことを想起し、渋川家を越えて、土御門家とのつながりを求める動きがでてきたとしても、おかしくはない。安家《あんけ》神道のルーツに戻ろうとする気持ちが高まり、渋川敬也の門弟である佐竹義根は、思い切って土御門家に書状をだし、口伝を賜りたいと願った。土御門家によって、これまで佐竹義根たちが、仙台藩の内で守り伝えてきた学統を、正式に認知してもらうことを考えたのである。

佐竹義根の行為は、仙台藩天文暦学の正統性を模索する動きであった。土御門家よりお墨付きをもらえれば、仙台藩のなかでの、彼らの立場もまた上昇するであろう。渋川敬也は、「春水《しゅんすい》」という別名をもち、佐竹義根は「春山《しゅんざん》」であったが、仙台藩の天文暦学者は、みな「春」の通り字を有した。渋川春海の正統な継承者であることの自覚が、この「春」にこめられていた。渋川家の血縁者とは違って、渋川春海以来の師弟の系譜のなかにみずからを位置づけることによって、正統性を求めようとする天文暦学者が、仙台藩にはいた。

佐竹義根が土御門家へ書状を書き、それを受け取った土御門泰邦《やすくに》▲は歓迎し、佐竹が門人になることを許可する。土御門家としては貞享改暦で活躍したにもかかわらず、幕府が天文方を設置したため、幕府に改暦・編暦の権限の重要な部分を奪われたと感じていたから、編暦権回復のチャンスをうかがっていた。

▼**土御門泰邦**　一七一一〜八四年。土御門家の家職である陰陽頭《おんみょうのかみ》を継ぐ。宝暦改暦では、西川正休より主導権を奪回する。

佐竹義根は、渋川家へ天文暦学を返伝したいので、助力を依頼すると、土御門泰邦は、渋川家への返伝は今しばらく思いとどまるようにと助言している。土御門泰邦にとって、渋川春海の道具・書籍類が天文方に戻ることは、好ましい事態ではなかった。土御門泰邦は、仙台藩の人材を利用しようとしていた。土御門泰邦が、しきりに佐竹義根や戸板保佑に京都へくるように招待したが、戸板だけが上京し、宝暦《ほうれき》改暦に際して土御門泰邦の手伝いを行った。

土御門泰邦の政略

土御門泰邦は、一七四〇(元文五《げんぶん》)年ころ毎月六回、邸宅で『天文志《てんもんし》』『五行志《ごぎょうし》』『神代巻《じんだいかん》』『古語拾遺《こごしゅうい》』を使って、天文暦学・軍配兵学を講義していた。土御門家には、貞享改暦の折の書籍・道具などがあったはずである。土御門泰邦は、父泰福《やすとみ》の道学《どうがく》を復活しようと試み、尽力した。土御門泰邦の講義を聴く門弟たちは、ふえつつあった。さらに土御門泰邦は、『天経或問《てんけいわくもん》』『国史《こくし》大伝《たいでん》』『本朝《ほんちょう》天文志』『長暦重訂《ちょうれきじゅうてい》』『天人経《てんにんきょう》』『文武正伝《ぶんぶせいでん》』をみずから編集し、著述にいそしんでいた。多忙のため、精魂つきはてて、三〇歳ほどなのに、見た目には三十六、七歳に見えるほど、ふけていたという。酒を飲むことがない下戸《げこ》で、そのためにはけ口がないまま、鬱《うつ》病に陥り、薬を服用していた日々であった。

土御門泰邦は、改暦に備えて一人で猛勉強を進めていた。土御門泰邦は門下を前にして講義をし、著述を行っていたが、それ以外にも朝廷における日常的な仕事に追われて、多忙をきわめていた。宝暦改暦に際して、土御門泰邦は、天文方の西川正休《にしかわせいきゅう》へ▲論争を仕かけて、正休を負かした。土御門泰邦が、強引に口八丁手八丁で西川正休をやりこめたと考えられているが、土御門泰邦には、それなりの長い時間をかけての独学の下準備があったことも忘れるわけにはいかない。

独学の土御門泰邦が、天文方西川正休と論争して勝ったのには、天文方の弱体化という事情がある。さきに述べたように、天文方は渋川家が世襲で継いできているので、能力のある人材が天文方になる可能性は少なかった。そのために有能な人材が補助員になるべきだが、必ずしもそうではなかった。当時の天文方の不幸は、そこにあった。西洋天文学に精通した人材が、天文方には不在であり、そのために旧来の天文暦学を勉強した土御門泰邦が、強引な手法で議

▼西川正休　一六九三～一七五六年。天文暦学者。西川如見《じょけん》の次男。江戸で天文暦学を講じる。『天経或問』を訓訳し、その解説では気の理論によって西洋天文学を位置づけた。

●—測量台（『寛政暦書』）

論に勝ち、ついに改暦の主導権を握った。

天文方の家

渋川春海以降、渋川家からは天文暦学にたけた人材を輩出することはなかった。にもかかわらず、渋川家の関係者が天文方のポストを継承した。補助員をつけるという弥縫策《びほうさく》が続けられ、天文方のポストはふえつづけた。しかし一八〇八（文化《ぶんか》五）年、高橋景佑《たかはしかげすけ》が、渋川家の養子となって、天文方に就き、天文方の建てなおしをはかった。以下、渋川家以外で、天文方になった家を簡単に紹介しておく。

(1)猪飼家。三代目渋川敬尹が病気がちであったため、寺社奉行は、徒組《かちぐみ》にいた下級武士の猪飼正一を暦作御用手伝として、渋川敬尹につける。しかし猪飼正一の一代で終る。

(2)西川家。一七五五（宝暦五）年の宝暦改暦のために、西川正休が抜擢される。事実上、改暦の最高責任者になったが、土御門泰邦との論争に負けて、天文方を罷免される。西川正休のあとは、能力のある人材がでることはなく、中絶した。

(3)山路《やまじ》家。宝暦改暦のために山路主住《ぬしずみ》▲が、天文方の御用手伝を命じられ、天文方になる。その後も山路家は暦作測量にたずさわり、山路徳風《よしつぐ》は、一七九〇(寛政《かんせい》二)年に天文方になる。

(4)佐々木《ささき》家(吉田《よしだ》家)。佐々木秀長《ひでなが》が、一七六四(明和《めいわ》元)年に修正宝暦暦の責任者として抜擢される。以降、子孫は吉田家と改名し、天文方を継承。

(5)奥村《おくむら》家。修正宝暦暦のため、採用される。

(6)高橋家。高橋至時《よしとき》▲は、間重富《はざましげとみ》▲と協力して、一七九八(寛政十)年の寛政改暦をなしとげた。至時の息子、景保《かげやす》・景佑の兄弟も活躍し、景佑は渋川家の養子となり、天文方を継承し、一八四四(天保《てんぽう》十五)年の天保改暦を遂行する。

(7)足立《あだち》家。寛政改暦のため、採用される。蛮書和解御用掛《ばんしょわげごようがかり》▲をつとめる。

以上をみてみると、猪飼家を除くと、宝暦改暦、修正宝暦暦、寛政改暦の折に抜擢された人たちであることがわかる。天保改暦は、天文方に渋川景佑がつき、改暦の事業を指揮したので、あらたな人材を採用することはなかった。

▼**山路主住**　一七〇四〜七二年。支配勘定役《かんじょうやく》をつとめたが、渋川則休《のりよし》を助ける御用手伝となる。関孝和流の数学を学び、計算を得意とした。一七六四(明和《めいわ》元)年に天文方に任じられる。

▼**高橋至時**　一七六四〜一八〇四年。麻田剛立の門弟。麻田のかわりに寛政改暦にあたる。天文方に任命される。『ラランデ暦書管見《れきしょかんけん》』を著わす。

▼**間重富**　一七五六〜一八一六年。麻田剛立の門弟。江戸において高橋至時を立てつつ、寛政暦を完成する。以後は大坂で観測を続けて、観測器具の改良につとめた。

▼**蛮書和解御用掛**　一八一一(文化八)年に高橋景保の建議によって新設された幕府の職掌。外交文書の翻訳を行った。天文方にいた蘭学者が『ショメール百科事典』などを翻訳する。その役割は蕃書《ばんしょ》調所《しらべしょ》に受け継がれた。

▼麻田剛立　一七三四〜九九年。豊後杵築藩《ぶんごきつきはん》の藩儒《はんじゅ》の四男。藩医となるが、脱藩して、大坂において天文暦学の研究に没頭し、多数の優れた門弟を育てる。実測に基づき、中国暦法から西洋天文学による暦法への転換を進めた。

天文暦学史のみなおし

従来の天文暦学史では、仙台藩天文暦学の存在は、ほとんど知られていなかった。宮城県の岩出山《いわでやま》町史編纂委員会が、『天文暦学者　名取春仲《なとりはるなか》と門人たち』を刊行し、そのなかで黒須潔氏は、仙台藩の天文暦学の人的な広がりと、その学問的内容を紹介している。渋川春海の伝記の基本資料である『春海先生実記』が、渋川敬也によって編まれて、佐竹義根が補注と跋をつけたことの意味を、やっと正確に位置づけられるようになった。『春海先生実記』は、仙台藩の天文暦学者こそが、渋川春海の正統な後継者であることを、内外にアピールするためのものであった。

麻田剛立《あさだごうりゅう》▲とその門弟が、西洋天文学を学んで、寛政改暦・天保改暦をなしとげる以前、仙台藩の天文暦学は、質量ともに最高水準にあった。天文方と仙台天文暦学の双方を視野におさめようとすると、つぎの四つの段階で構想することができよう。

第一段階(一六八五〜一七一五年ごろ)

貞享改暦の実施。渋川春海と土御門泰福が協力し行われる。幕府が天文方をおく。春海が初代天文方となる。

第二段階(一七一五~四〇年ごろ)

渋川昔尹死後、渋川春海が遠藤盛俊に書籍・道具などを伝授し、渋川家への返伝を依頼する。遠藤・入間川市十郎が、渋川家の学問的後見人となる。入間川が、渋川家養子となり、四代目天文方渋川敬也となる。しかし敬也の謎の死によって、天文方と仙台藩天文暦学者は疎遠になる。仙台藩天文暦学は、仙台藩内部で自律的に発展した。

第三段階(一七四〇~九五年ごろ)

土御門泰邦と仙台藩天文暦学者の交流が始まる。宝暦改暦で戸板保佑が土御門泰邦を補助する。その後も仙台藩天文暦学者は、土御門家門下となる。天文方によって宝暦暦の修正がなされる。

第四段階(一七九五年ごろ~幕末)

麻田剛立とその門弟が、西洋天文学を摂取して、寛政改暦・天保改暦を実現した。高橋景佑が渋川家を継ぎ、天文方となった。

宝暦改暦は、土御門泰邦の主導で行われ、修正宝暦改暦は、天文方の佐々木秀長によって実行され、渋川家の後継者が、暦に関してなんらかの貢献をすることは一切なかった。ルーティンの仕事である毎年の暦の草稿を製作する編暦の仕事は、山路家が、もっぱら担当しており、渋川家の後継者は、ただ名前のみの天文方であった。

寛政改暦に際して、幕府は天文方に『崇禎暦書《すうていれきしょ》』▲をもとに試験的に暦をつくらせて、一七九五(寛政七)年に西洋流の天文学によって改暦を行うことに決定した。そのために、大坂の天文暦学者たちのグループを招きよせ、改暦の事業をまかせた。高橋至時・間重富が尽力して、寛政改暦がなしとげられた。高橋至時の息子景佑が渋川家の養子となって、天文方を継ぎ、天保改暦を遂行した。

世襲制と能力主義という二律背反になりがちな矛盾は、最終的には能力主義の勝利で決着がついた。なにより幕府中枢は、天文方の人材がもっている語学・測量・作図などの能力に着目し、それを利用しようとしたからであった。

▼『崇禎暦書』　明末にイエズス会宣教師《せんきょうし》アダム＝シャールが西洋天文学を漢訳し刊行した書物。

⑤—吉宗と宝暦改暦

土御門家vs.天文方

八代将軍の徳川吉宗《とくがわよしむね》は、財政の引締めと再建、殖産《しょくさん》興業、貨幣改鋳を行い、享保改革《きょうほうのかいかく》を断行した立役者であった。また、西洋の文物・学術へ旺盛な好奇心を示した点でも知られている。暦算家であった中根元圭《なかねげんけい》▲の建言を認め、洋書の輸入も解禁した。中根は、吉宗の学術の顧問であった建部賢弘《たけべかたひろ》▲の門弟であった。吉宗が、中根に『暦算全書《れきさんぜんしょ》』の訓訳をやらせようとしたときに、中根が「キリスト教に関する文字があると、本を焼きすて、輸入させないようにしています。これでは、よい学術書は輸入されません」と上申した。吉宗は、それに応じて、洋書の禁書令をゆるめた。このようにして、キリスト教に関係のない本であれば、輸入され、一般に売買してもかまわないことになった。この洋書の解禁令によって、外国書籍の輸入の途は大きく開かれた。

吉宗は、建部・中根の二人の学者から、天文暦学・算術・測量の話を聴いており、江戸城においてみずから雨量の測定を行うほどであった。中根は、吉宗

▼**中根元圭**　一六六二〜一七三三年。天文暦学者・和算《わさん》家。建部賢弘の高弟。吉宗から貞享暦の精粗について質問があり、それに答えた。

▼**建部賢弘**　一六六四〜一七三九年。和算家。兄の賢雄《かたお》・賢明《かたあき》とともに関孝和《せきたかかず》に数学を教わり、関の高弟として著作活動に打ち込む。一七一九(享保四)年に吉宗の命を受けて、日本総図を製作する。

の命で伊豆《いず》、下田《しもだ》で太陽・月の位置を観測し、貞享《じょうきょう》暦の精度をはかることもあったが、一七三三(享保十八)年に死去した。

一七四五(延享《えんきょう》二)年、六二歳となった吉宗は、将軍職を家重《いえしげ》に譲り、改暦に本腰をいれて取り組んだ。政権末に、吉宗の関心は、国家制度の充実に向けられた。服忌令《ぶっきれい》の集大成・服制の規定・御定書《おさだめがき》百箇条の編纂・本末帳《ほんまつちょう》の提出・勧化《かんげ》の制度化などが、つぎつぎと行われた。自分の行った政治改革を、さらに将来にも持続できる体制にしようとした。

一七四六(延享三)年、神田佐久間《かんださくま》町(現在、千代田区神田佐久間町)に天文台を建設させ、天文方《てんもんかた》の渋川則休《しぶかわのりよし》▲・西川正休《にしかわせいきゅう》に改暦の命をくだした。西川正休は、吉宗がかつて天文のことをただした西川如見《じょけん》の息子であり、西洋天文学の啓蒙書である『天経或問《てんけいわくもん》』を訓訳して、解説をつけて出版し、江戸において天文学を講じていた人物であった。建部・中根・西川如見がすでに死去しており、吉宗は、この西川如見の息子に期待することが大きかった。西川正休もまた、吉宗の前で貞享暦の不備を指摘し、改暦の必要性を説いたようである。

貞享改暦の先例に従うならば、天文方は京都に出向き、土御門家《つちみかどけ》邸で観測を

▼**渋川則休**　一七一七〜五〇年。渋川敬尹《ひろただ》の長男。西川正休と宝暦改暦に取り組むが、改暦事業の途中で死去。

行い、土御門家が、天皇へ改暦の上奏《じょうそう》を行わなくてはいけなかった。そのために渋川則休・西川正休は、一七五〇（寛延《かんえん》三）年、京都に出向き、土御門家と協力し、観測を行うはずであった。ところが京都にいくと、土御門泰邦《やすくに》が、「今回の事業は補暦か、改暦か」と追及し、さらに「幕府からの費用がぜひ必要だから、費用を前倒しでお願いしたい」と要求してきた。西川正休は、土御門泰邦の交渉の矢面《やおもて》に立った。実務は、いっこうに進まずに、頓挫《とんざ》した。

一七五一（宝暦《ほうれき》元）年六月に、吉宗が六八歳で死去し、改暦を行う必要性は薄れた。元来、貞享暦に致命的な欠陥があったわけでも、社会からの要請があったわけでもなかった。あくまで吉宗の西洋天文学への知的関心に基づき、計画された事業であった。西川正休にとって、政治的な後ろ盾を失うことになった。

翌年の二月に、西川正休は新暦法をつくりあげ、土御門泰邦に相談してみた。それをみた土御門泰邦は、西川正休の暦法に問題点が多く含まれていると論難し、ついには公開質問状を突きつけた。土御門泰邦は、「西川正休が使ったという吉宗公の秘書とはなにか」と問いただし、「観測は私たち土御門家で、もう一度きちんとやりたい」という要望をだし、ほかにも多くの質問を突きつけたが、西川正休は、まともに答えることができなかった。観測の手伝いをしていた暦算家の磯永孫四郎《いそながまごしろう》▲・戸板保佑《といたやすすけ》は、土御門泰邦の側にまわった。西川正休は窮地に陥り、みかねた幕府は、一七五二(宝暦二)年六月、西川正休を江戸に召還することに決め、改暦の命を土御門泰邦にだすという異例の事態が起こった。

　土御門泰邦は、天文方の山路主住《やまじぬしずみ》をはじめとして、磯永・戸板・西村遠里《にしむらとおさと》▲に計算・観測などを行わせ、新暦法の製作につとめた。ついに一七五四(宝暦四)年、土御門泰邦は新暦法を幕府に提出することができた。その後、桃園《ももぞの》天皇から改暦の宣下《せんげ》を受けて、翌年より正式に、宝暦暦が実施された。暦法は、土御門泰邦が中心となって製作したものであり、天文方の渋川光供《みつひろ》・山路をはじめ、仙台の戸板、薩摩《さつま》の磯永は、土御門家に入門し門弟となり、暦法を伝授された。

土御門家の勝利

　宝暦改暦は、土御門泰邦が強引な政治力を発揮して、天文方から暦法の製作の権限を奪いとった事件であった。土御門泰邦が中心となって製作した宝暦暦法は、西洋天文学をベースにしたものではなく、中国暦法・貞享暦の系譜を引

▼**磯永孫四郎**　?〜一七六五年。薩摩藩の天文暦学者。西川正休の手伝いとして宝暦改暦に参加。西川正休が改暦事業からはずされたのち、藩命によって土御門家の門人となる。帰国後、薩摩暦編纂に携わった。

▼**西村遠里**　?〜一七八七年。土御門家に仕えて、指南番《しなんばん》となる。天文学・数学に関しての啓蒙的な著述を残す。宝暦改暦では、土御門泰邦を補助する。

くもので、貞享暦を改悪したものと評価されることもある。暦学史においては、宝暦改暦は、停滞なり後退のシンボルと受けとめられている。しかしライバルであった西川正休が、もし改暦を実施したとしても、五十歩百歩の結果であったと思われる。土御門泰邦にしろ、西川正休にしろ、実力はさほど変わることはなかった。

それではなぜ土御門泰邦が西川正休に勝って、改暦の担い手になることができたのであろうか。

第一に、吉宗が死んでしまい、改暦を決断した主役がいなくなったことである。吉宗が、生きぬいて最後まで西川正休を後援していれば、土御門泰邦の介入の余地はなかったはずである。

第二に、土御門泰邦が辣腕《らつわん》の政治家であったことである。「蘇秦《そしん》▲、張儀《ちょうぎ》▲の徒《と》」(西村遠里の評)と名づけられたように、したたかな政略家であった。山路などの暦学者たちを味方に取り込み、西川正休と対決した。伊勢《いせ》・南都《なんと》の暦師《れきし》に対しても、かなり強引な論法を使って、天体観測の下働きに駆りだした。

第三に、西川正休の学問的な限界である。本当は、西洋天文学に精通し、そ

▼**蘇秦**　?〜前三一七年。中国の戦国時代の縦横家《じゅうおうか》。趙《ちょう》・韓《かん》などに合従《がっしょう》策をもって秦に対抗することを説いたが、張儀の連衡《れんこう》策に敗れた。

▼**張儀**　?〜前三一〇年。中国の戦国時代の縦横家。秦の恵王《けいおう》の宰相となり、六国に秦との協力を説いた。

▼堯舜　中国古代の伝説上の聖天子《せいてんし》。堯は暦を定めた。堯と舜は帝王の模範とされた。

れをベースにして改暦を行う約束であったのが、実際は彼がつくった暦法は、中国暦法・貞享暦法の延長線にあった。中国暦法の水準であれば、土御門泰邦とても理解可能であり、反論することもできた。土御門泰邦は、独学で暦法についで猛勉強していた時期があった。朝廷での儀式にも参加しながら、天文暦学の勉強に打ち込み、鬱《うつ》病にもなるほどであった。とはいえ論敵の西川正休によれば、土御門泰邦は、貞享暦に違いがあることすら理解していない程度であったと暴露されている。万一、西川正休が、西洋天文学を組み込んだ本格的な暦法をつくっていたなら、土御門泰邦が口をだすことは、ありえないことであった。学問的な限界とは別に、西川正休の、「篤実《とくじつ》の士《し》にあらず」(西村遠里の評)と評される性格も、山路たちを離反させた要因となった可能性はあろう。

大方の期待を裏切って、西川正休は西洋天文学に精通していなかったようである。『天経或問』の訓訳を行い、西洋天文学の啓蒙的な解説者ではあったが、観測や暦の実地作業は経験がなかった。西川正休は、『天学初学問答《てんがくしょがくもんどう》』で「和漢《わかん》の天文学が、堯舜《ぎょうしゅん》▲の遺法ならば、なぜ中国でも明《みん》以来、今にいたるまで、外国のオランダなどの天文学を用いるのか」という問いを立てて、「外国の天文暦法を取り入れるわけではない。ただ外国の器具・道具を取り入れるだけである」と自答している。この発言からわかるように、西川正休は、中国の天文暦学の枠を前提に、西洋天文学の道具・機器を利用すればよいと考えており、西洋天文学が、中国の天文暦学より卓越しており、それゆえに徹底して学ぶべきであるという姿勢はなかった。

西川正休の知識は、漢訳の天文暦書の読破で成り立ち、基本的に中国暦法の枠によりかかっていた。彼が、土御門泰邦に足をすくわれたのも、その点にあった。このときの苦い記憶があったためであろうか、幕府は寛政《かんせい》改暦を行うときには、本格的に西洋天文学に通じた麻田剛立《あさだごうりゅう》の門弟を招来し、磐石《ばんじゃく》の体制で改暦に臨んだ。

日食の予報をはずす

江戸城において一日は、十五日・二十八日とともに、将軍が、大名《だいみょう》・旗本《はたもと》などと接見する大切な月次御礼日《つきなみおれいび》であった。日食《にっしょく》が起こるとしたら、一日に起こる現象であったから、その場合はあらかじめ時間の調整をし、日食の時刻には

▼川谷貞六　一七〇六〜六九年。土佐《とさ》藩に仕えた天文暦学者。一七六三(宝暦十三)年九月一日に日食があることを藩主に上言し、的中させ、名をあげる。奇人であったらしく、『続近世畸人伝《ぞくきんせいきじんでん》』に掲載された。

接見はあてないように工夫していた。だから突然、日食が起こることは、幕府関係者にとっても朝廷関係者にとっても、あってはならないことであった。

一七六三(宝暦十三)年九月一日に、暦には記されていないにもかかわらず、白昼に五分の日食(太陽の半分が欠ける)が起こった。幕府は、大きな衝撃を受け、権威を失墜させた。以前から、この日に日食が起こるという予報は、西村遠里・川谷貞六《かわたにさだろく》▲・麻田剛立などの各地の暦学者たちから、幕府によせられていた。幕府は、一切そうした申し出を無視し続けたが、日食が起こってしまい、幕府の中枢は屈辱をかみしめた。幕府がつくった公式の暦が、衆目が見ているところで日食の予報に失敗し、さらに民間の学者のほうが、正確に日食を的中させていたことが判明したからである。

朝廷・幕府は、すぐに土御門家・天文方を詰問するが、土御門家は、三分以下の食は暦には記さないものであるが、計算は天文方に任せており、自分には責任がないという弁明を行った。

翌年から幕府は、暦学者の佐々木秀長《ささきひでなが》を天文方に任じて、暦法の修正を行わせた。暦法の修正事業は、六年間をかけてなされ、一七六九(明和《めいわ》六)年に修正の暦が上呈されて、七一(同八)年から修正暦法によって作暦された。とりこぼしがないよう、食の記事ができるだけ多めになっており、食をはずさないように心がけている。とはいえ修正暦法は、宝暦暦を根本的に改めたものではなく、中途半端なものであった。

宝暦改暦の失策、修正暦法の事業は、暦法製作のうえでターニングポイントになった。一七六五(明和二)年に牛込《うしごめ》の火除地《ひよけち》に観測のための取調所がおかれた。従来は改暦がすむと、観測施設は取り壊されていたが、暦法修正後、天文台は残され、天体観測が継続的に行われた。幕閣《ばっかく》の天文方に対する考え方は、変わってきた。改暦後も天体観測を続けていくことの必要性を認識し始めた。

修正事業についても、幕閣がそろって必要性を認識し、幕府全体の事業だと考えるようになった。従来は、保科正之《ほしなまさゆき》・綱吉《つなよし》・吉宗という最高権力者が決断し、トップダウンで反対派には口をださせずに、改暦を強引に進めてきた。ところが一七六三年の日食事件による幕府の権威の失墜は、幕府の中枢に深刻な反省を迫った。修正事業は、老中《ろうじゅう》松平武元《まつだいらたけもと》、将軍の御側《おそば》として仕えていた田《た》沼意次《ぬまおきつぐ》・水野忠友《みずのただとも》が、将軍よりの命を奉じて、実際には、天文方の佐々木秀長が実地の観測・計算を行うことで始まった。改暦は、将軍親裁《しんさい》によって決められる事項ではなく、幕府中枢の全体のなかで合意されて、実施されるようになった。

そのことは、天文方の組織にも影響をあたえた。貞享改暦では、渋川春海《はるみ》単独で製作し、宝暦改暦では当初は、西川正休が中心になって改暦に取り組んだ。たとえ天文方の渋川家に人材がいなくても、誰か専門家を補助員としてつけておけば、なんとかなるという程度の認識であった。しかし、そのようなやり方がゆきづまった。優秀な人材をたくさん集めなくては、長期にわたる大規模な観測や持続的な計算を行うことはできず、いわんや改暦事業を完遂できないということが、幕府の中枢によっても認識されてきた。

土御門家の方針

土御門泰邦は、天文方の渋川光併・山路主住、仙台藩の戸板保佑、薩摩藩の磯永孫四郎を門弟として、改暦の暦法を伝授した。一七五七(宝暦七)年には、観測を終了した戸板・磯永が、それぞれの故郷に戻り、天文方の渋川・山路は江戸に帰還した。京都の観測施設は、取り壊して、改暦にかかわった書類・道具の類は、天文方のもとへ送られた。観測の下作業に駆りだされた南都・伊勢の暦師たちも帰郷した。これ以降の暦の草稿は、天文方が製作することになり、土御門家は、編暦にかかわることはなかった。宝暦改暦が完成するまでは、校合作業は、土御門家が一時的に掌握していたが、それをも天文方に譲った。

伊勢暦師は、宝暦改暦作業中に、写本暦《しゃほんれき》をめぐるトラブルを解消するため、やむなく全員が、土御門家の配下になった。会津《あいづ》暦師は、従来天文方より写本暦を受け取っていたが、当時の天文方が土御門家門弟になった以上、会津暦師も、土御門家に帰参すべきだと、土御門泰邦は主張した。会津暦師は、土御門家→会津藩京都藩邸というルートで、写本暦を受け取るようになり、土御門家に服従した。江戸の暦問屋、三島《みしま》暦師は、従来どおり、幕府の機構を使って、写本暦を貰い受けた。

土御門家にとって宝暦改暦は、どのような意味をもっていたであろうか。改暦の主人公になったことで、それをフルに活用して、暦学者たちを門弟にし、仙台藩・薩摩藩とのパイプを築くことができた。だが改暦後、観測が終了すると、土御門家は、編暦・校合の権限を天文方に譲り、編暦・作暦からは全面的に手を引いた。日食をはずした事件が起こったときに、すでに天文方に諸権限を譲渡していた土御門家が、自分たちには責任がないと弁明したが、ある意味では正直な回答であった。

土御門泰邦は、宝暦改暦の事業を通じて、幕府の権力、大藩とのパイプの大切さ、組織力の重要性を、身をもって知ったと思われる。改暦事業が一段落したところに、土御門泰邦は、幕府に対して配下の陰陽師《おんみょうじ》を吟味するための触れを再度だしてほしいと請願した。幕府は、再度の触れ（以下、「再触れ」と表記）というが、かつてどういう触れがでていたのか、証拠書類の提出を土御門家に求めた。一七六二（宝暦十二）年、土御門泰邦は、かつての触れがどういうものかは、わかりかねるという回答を行っている。当時、神職の編成を行っていた吉田《よしだ》家も、幕府に再触れを求めており、幕府としては、吉田家・土御門家の要請を同時に処理した。取り立てて触れは必要ないという判断で、一七六五（明和二）年に寺社奉行《じしゃぶぎょう》は、土御門泰邦の願いを斥けた。吉田家の要請も斥けられるが、しばらくして一七八二（天明《てんめい》二）年に諸社禰宜神主法度《しょしゃねぎかんぬしはっと》の再触れが、吉田家

●──陰陽師と修験者（『和国諸職絵づくし』）

の希望どおりに公布された。
土御門泰邦の要請が斥けられて、土御門家の江戸役所が奮起した。触頭《ふれがしら》であった吉村権頭《よしむらごんのかみ》が、組織改革を行い、新組・新々組・在組などの組を設置して、あいまいで雑多な集団であった配下を、組ごとに分類し、編成しようとした。組織改革は、それにとどまらなかった。売卜組《ばいぼくぐみ》という、僧侶・修験《しゅげん》・神職でも占い（売卜）を行っていれば、土御門家の許可をえて、加入すべき組を設けた。土御門家の論法は、自己中心的なものであり、他の系列の宗教者であっても、占いを行うためには、土御門家の許可をえて、売卜組にはいるか、そうでなければ占いをやめるかという迫り方をした。

江戸役所の組織改革が先行し、その後、京都の土御門家本所《ほんじょ》も跡を追うようにして、組織改革を企てて、本所中心の配下編成に乗りだした。それまでは土御門家は、配下の陰陽師を編成していたといっても、地方の触頭に全面的に任せた状況だった。土御門家は配下編成に積極的になり、配下の吟味が必要であり、そのためには再触れが必要だと、幕府に訴えた。

一七九一（寛政三）年になると、寺社奉行の反対にもかかわらず、老中松平定《さだ》信《のぶ》は土御門家の願いを認めて、土御門家の配下編成の触れをだした。その触れは、陰陽道《おんみょうどう》を行う者は、土御門家の免許を受けるようにという趣旨であった。全国に幕府のこの触れが流されて、土御門家は、これを利用して本所を中心にした配下拡大をめざした。土御門家は、幕府の触れをタテにして、藩の寺社方に連絡をとり、藩内の陰陽師風の者の吟味に協力を願うという戦略をとった。

では、なぜ松平定信は、寺社奉行の反対をおさえてまでして、土御門家の要請を認めたのであろうか。『宇下人言《うげのひとこと》』で松平定信は、「天明六(一七八六)年に諸国人別改めを行ったが、六年前の安永《あんえい》九(八〇)年の改めと比較して、一四〇万人が減じた。減少した人はみな死んだわけではない。ただ帳外《ちょうがい》となり、または出家《しゅっけ》・山伏《やまぶし》となり、または無宿《むしゅく》となった。江戸にでて、人別《にんべつ》にもはいることなく、さまよって歩く徒になっている」と述べて、幕府による人別改めによっては掌握できない人口の膨張に、危機感をあらわにした。江戸の市中でさまよい、歩きまわる人のなかには、占いを行って生活の糧をえている場合もあったであろう。幕府が、土御門家に期待したのは、都市で生活する流動的な宗教者の人別改めの実施であった。

宝暦改暦後、土御門家は、編暦などには関心を失い、それにかわって陰陽師の編成に力をそそぐようになった。寛政改暦のときには、土御門家は、天文方による改暦に干渉することはなかった。

天文方の事情

天文方は、修正宝暦暦の事業のあと、どうなったか。幕閣たちは、修正宝暦暦を暫定的なものだとみていたようであり、いずれは改暦をせねばならないと考えていた。そのためには、二度と宝暦改暦のときのような失敗は許されない。問題点の核心は、市井《しせい》には、抜きん出た天文暦学の秀才がいるが、天文方に有能な人物が不在であるという逆説の解消である。幕府が最初に行ったのは、優秀な人材の募集である。大坂において天文暦学の講義をし、評判の高かった麻田剛立を招いたが、麻田は高齢を理由に断わり、かわりに二人の門弟を推挙した。高橋至時《たかはしよしとき》と間重富《はざましげとみ》である。幕府は、この二人を天文方へ招く。高橋は天文方になり、間は民間人なので、補助役になった。

かつての宝暦改暦では、渋川家の無力な後継者に、西川正休をつけておけば、

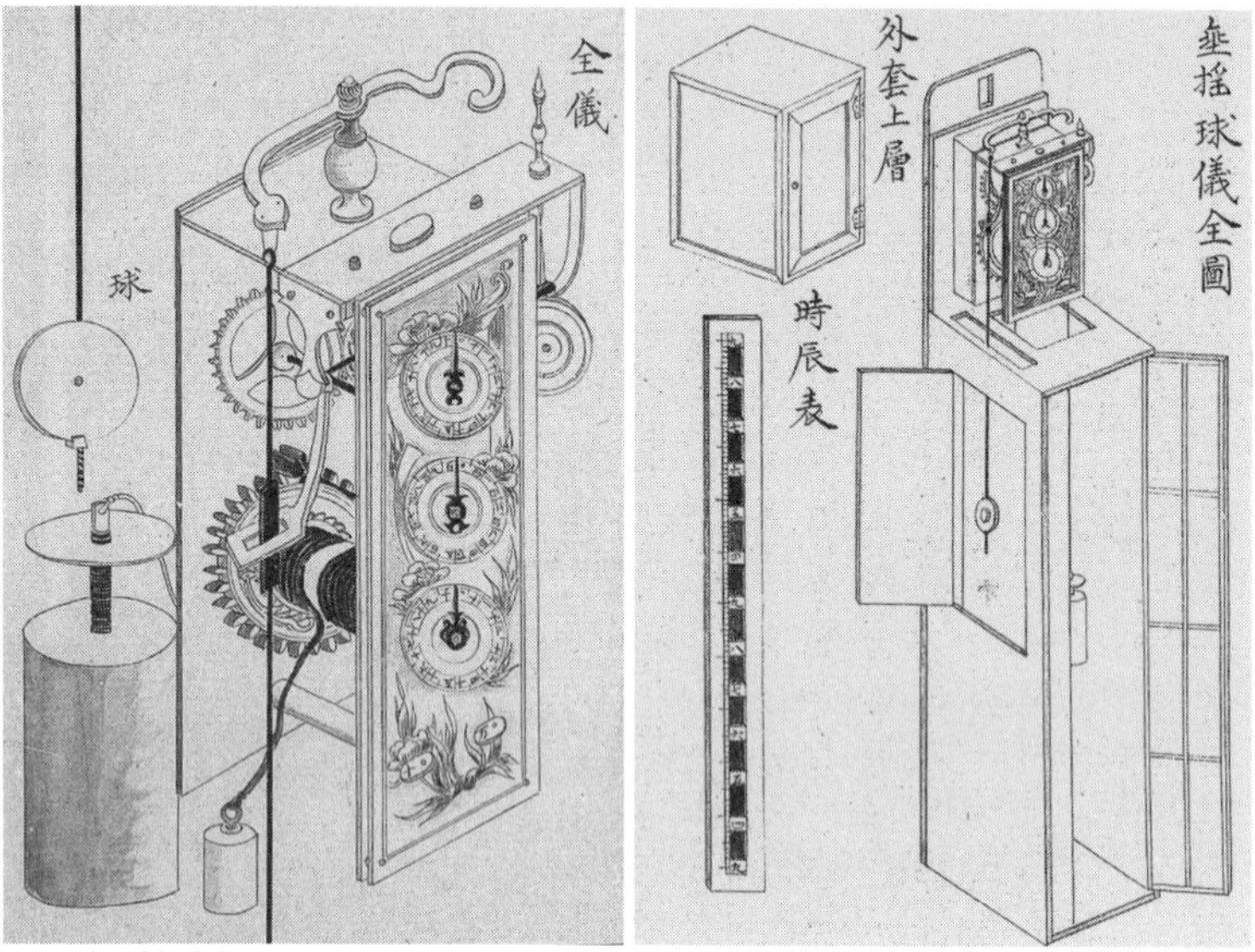

垂揺《すいよう》球《きゅう》儀《ぎ》(『寛政暦書』)

天文用振り子時計「垂揺球儀」

なんとか改暦はできるという、甘い見方をしていたが、幕府は、そうした認識を改めた。観測道具の精度は高まり、その扱いには専門的な知識が必須であり、天体観測は、大勢による共同作業になったからである。麻田門下は、西洋天文学の影響を受けて、観測データの集積を重視し、それに労力を費やした。間重富は、観測のための器具の製作に尽力した。天保《てんぽう》改暦を行った渋川景佑《かげすけ》の代になると、みずからオランダ語・英語などの外国語を習得して、西洋の天文学の書籍とじかに取り組み、改暦後にも、大規模な観測を続けてデータの集積に心がけた。

⑥―近世の改暦

改暦の前提条件

近世には、四回の改暦が行われたが、宝暦《ほうれき》改暦・寛政《かんせい》改暦・天保《てんぽう》改暦は、時期的には三大改革に対応していた。宝暦改暦は、享保改革《きょうほうのかいかく》の吉宗《よしむね》が発案したもので、遅くなった享保改革とみることはできる。最初の貞享《じょうきょう》改暦は、政治改革に無関係のようにみえるが、「天和《てんな》の治《ち》」は、綱吉《つなよし》なりの政治改革であった。ただし貞享改暦には、それ以降の改暦とは異なり、八二三年間という長い空白期間と対峙し、それを乗りこえる熱い想いが関係者にはあった。のちの改暦は、貞享改暦のときにつくられたレールの上を走っていったのである。

①章で、日本で宣明暦《せんみょうれき》が継続し、長く改暦が行われなかった理由として、四つの事柄を指摘した。それは、統一国家、テクノロジー、王朝《おうちょう》交代、冊封《さくほう》体制の四つであった。では貞享改暦は、これら四つの事柄とは、どのようにかかわったのであろうか。

第一に、江戸幕府が、改暦を行った前提には、江戸幕府という統一国家が樹立し、戦国時代を終らせたことがある。戦国時代のような、群雄割拠の時代ならば、地域ごとに地方暦がつくられ流通していれば、それでよかった。暦の全国的な統一を望んだのは、誰よりも全国政権としての幕府であった。統一国家の樹立が、改暦を準備する基礎的な条件であった。

第二に、自然科学・テクノロジーへの関心は、ポルトガル人・カトリック宣教師のもたらした知識・書籍によって始まった。中国から中国暦学や漢訳イエズス会士系天文学が受容されて、天文暦学を学ぶ人は確実にふえた。他方で、同じころに、関孝和《せきたかかず》による和算《わさん》▲の算術が発展した。吉宗の時代になると、洋書輸入の解禁によって、天文学・医学などの蘭学《らんがく》が著しく発展した。

第三に、王朝交代についてである。江戸幕府が成立したことを、王朝交代であるとは、幕府は認識してはいなかった。しかしそれに近い感覚はあった。すなわち、改暦は、あくまで幕府の事業であり、天文方《てんもんかた》で行うことであった。江戸幕府がイメージした文明国家の頂点にいたのは、天皇ではなく、あくまで将軍であった。綱吉政権は、朝廷復興を行うが、それは天皇家を荘厳にするためではなく、幕府のなかに朝廷文化を取り込むためであった。貞享改暦によって、

▼**和算**　江戸時代に発達した日本の数学。関孝和が、方程式論に相当するものや、円周率・曲面図形の面積などを求めて独自に発達させた。しかし非実用的な遊戯になった。

将軍は、観象授時《かんしょうじゅじ》の王権にのしあがることができた。しかし改暦の前提には、天皇の宣下《せんげ》が欠かせなかった点で、幕府が完全に改暦の権限を掌握していたとは、いいがたい面はあった。宝暦改暦において、土御門《つちみかど》家が暦法作成の権限を奪還できたのは、天皇の宣下を必要とするという、幕府の制度上のアキレス腱をつき、逆手にとって利用したからであった。

第四に、冊封体制の外に日本があったことの問題である。外側にいたことによって、長いあいだ、中国皇帝からの新暦法の伝授は困難であった。しかし江戸幕府になっても、日本は冊封関係にはいることもなく、朝貢《ちょうこう》貿易を行うこともなかった。あいかわらず冊封体制の外にいた江戸幕府の日本は、自力で改暦を行うことで、長年の懸案を解決しようとした。保科正之《ほしなまさゆき》が着手し、綱吉が継承した改暦事業は、文化プロジェクトであった。改暦に成功したことによって、文明国家としての自意識は高まったことであろう。

この第四の問題について詳しく論じてみよう。貞享改暦は、東アジアの文明の中心にあった中国では、明《みん》から清《しん》へ交代したあとの時期にあたった。北方民族の満洲族が、明に侵攻し、攻防の末に一六四四年、明は滅亡した。中華《ちゅうか》文明の中心が、蛮族に乗っとられたという認識は、「華夷変態《かいへんたい》」という言葉で、周辺国に深刻な影響をあたえていた。中華文明は尊ぶが、蛮族に支配された清は、尊敬に価しないという認識が生まれ、周辺国では、みずからこそが中華だという小中華主義に目覚めるようになった。江戸幕府の日本だけではなく、朝鮮・ベトナムでも、小中華主義が台頭した。

明から渡ってきた隠元《いんげん》▲は黄檗宗《おうばくしゅう》▲を伝え、幕閣《ばっかく》や朝廷のなかにも隠元に帰依《きえ》する人たちがおり、幕府は、隠元に対して広大な寺領をあたえて、万福寺《まんぷくじ》▲を建立させた。明の遺臣《いしん》朱舜水《しゅしゅんすい》は、日本に渡って、徳川光圀《みつくに》たちに儒教《じゅきょう》を教えたことで知られている。隠元・朱舜水のような明の文化の継承者が日本に来たことは、清への反発と、日本が中華だという小中華主義の形成に寄与したことであろう。

改暦にあたり、渋川春海《しぶかわはるみ》は元《げん》の授時《じゅじ》暦を勉強したが、朝廷では、明の大統《たいとう》暦で改暦を行うべきだという議論もなされた。しかし同時代の清の時憲《じけん》暦▲を採用すべきだという意見はだされなかった。渋川春海の高弟谷秦山《たにしんざん》は、時憲暦は誤謬が多いことを、逐一例をあげてから、「夷俗《いぞく》の愚かな行いなのだから、とがめ

▼**隠元**　一五九二〜一六七三年。日本黄檗宗の開祖。福建省《ふっけんしょう》出身。一六五四年に日本に渡来し、家綱《いえつな》より宇治《うじ》の地をあたえられ、万福寺を創建する。

▼**黄檗宗**　中国では臨済宗《りんざいしゅう》の一派。日本では臨済宗とは区別され独立の宗派となった。隠元が万福寺を開き、建築・仏具・儀式などを中国風に用いて、仏教界に多大な影響をあたえた。

▼**万福寺**　黄檗宗の大本山《だいほんざん》。隠元の創建。建築は、明の禅寺《ぜんでら》にならったものである。鉄眼道光《てつがんどうこう》の『黄檗版一切経《いっさいきょう》』版木を蔵す。

▼**時憲暦**　アダム＝シャールが『崇禎暦書《すうていれきしょ》』を編集するが、清の世《せい》祖《そ》はこれを時憲暦と命名した。行用年は、一六四五〜一九一一年。

るにたらない」と述べた(『秦山集』)。中華文明を尊びながらも、同時代の清朝を蔑視する姿勢は、谷秦山だけではなく、為政者・知識人の世界に広がっていた。

綱吉・渋川春海の自意識としては、自力で暦法をつくったことで、江戸幕府の日本は、文明国家にふさわしい存在になった。冊封体制の外側に立っていた日本の対外的な位置どりは、従来どおり変わらなかったが、江戸幕府の日本は、改暦を含む文化プロジェクトをなしとげることで、将軍を頂点にした小中華主義の世界認識を身にまとった。

以上、四つの事柄を挙げたが、統一国家、テクノロジー、王朝交代の三点は、改暦が行われる前提条件となるものである。江戸幕府の体制が確立したことで、三つの条件が整備された。ところが第四の冊封体制の件は、改暦の前提条件ではない。たしかに冊封関係がなかったことが、長く新暦法の伝来を困難にしていたが、冊封関係の改変があって、貞享改暦が可能になったわけではなかった。むしろ冊封体制の外にあり続けながら、自力で改暦は遂行された点が重要であった。

政治改革と改暦

近世の改暦について、本書の結論をまとめると、つぎのようになる。貞享改暦は、文明国家にふさわしい文化プロジェクトの一環として行われ、あとの三回の改暦は、既成の暦法の不備を改善するという幕府の意向によって、三大改革にあわせて実施され、それゆえに政治改革のシンボルとなった、と。

保科正之・綱吉の文化プロジェクトは、「武威《ぶい》から儀礼へ」という時代の潮流をつくったが、みなが賛成していたとは思えない。当時であっても、保科正之・綱吉の改暦事業に違和感を覚えていた人たちはいた。下馬《げば》将軍酒井忠清《さかいただきよ》は、改暦など不要だと考えていた。酒井は、渋川春海に「二日遅れるというが、何年で二日のずれが生じるのか」と質問し、「二〇〇年ばかりです」と渋川春海が回答すると、「だったら、そのままでよかろう」と答えたという。この話を、山崎《やまざき》闇斎《あんさい》が耳にして、「天下の執権者がこの程度か」と慨嘆した。山崎闇斎は、保科正之と交流があり、ブレーンであった。保科正之・山崎闇斎が考える理想的な政治と、酒井の現実政治とは、食い違っていた。改暦や歴史書編纂などの文化プロジェクトは、文明国家にとって必要不可欠だという認識は一方にたしかにあったが、酒井のように、二〇〇年後のことなど関知する必要はないと思う人びとも、他方にはいた。

改暦にともなう困難さは、幕府のなかにも天文暦学のような自然科学やテクノロジーを軽視する傾向があったことである。天文方を設置しても、人材の育成や再生産について、幕府の中枢は、十分なプランをもっていなかった。渋川家の世襲後継者に、一人、二人の補助員をつけておけば、毎年の編暦や改暦さえも可能であろうという程度の認識であった。蘭学が興隆し、天文学や医学の発展をみるまでは、儒学者《じゅがくしゃ》は、自然科学系のテクノロジーを蔑視し、天文暦学を「小技」とみくだした。そこには、学問は歴史にきわまるという儒学者の学問観が反映していた。儒学者のなかには、自然科学を知らないまま、蔑視する人も多かった。荻生徂徠《おぎゅうそらい》▲は、天は敬の対象ではあっても、学問の対象ではないと述べて、天文暦学や数学を学ぼうとはしなかった。

八代将軍吉宗は、実学《じつがく》としては西洋の自然科学のほうが優れていることを直感的に感じ、改暦にも意欲的であったが、彼の遺志をいかすことはできなかった。幕閣たちが、自然科学観を改めたのは、ロシア南下などの対外的な危機に

▼**荻生徂徠**　一六六六〜一七二八年。江戸中期の代表的儒学者。古文辞学《こぶんじがく》の方法で古典を理解し、先王の道を明らかにする古学《こがく》を主張した。門下は古文辞学派と呼ばれる。

直面し、日本列島の測量・地図の作成・外国語の翻訳の必要性を痛感したときであった。

寛政期には、ロシア船が南下して日本周辺に近づき、対外危機が高まった。日本列島を測量し、正確な地図を作成すること、外国からの情報を、いち早く翻訳、紹介することなどが火急の課題となり、天文方から分かれた蛮書《ばんしょ》和解《わげ》御《ご》用掛《ようがかり》をつとめるスタッフの業務となった。彼らは、オランダ語・英語・ロシア語を学び、外交文書や西洋書を読み、翻訳や紹介を行った。列島の測量と日本地図作成は、幕府にとってもっとも緊急な事業となり、天文方の高橋景保《たかはしかげやす》によるシーボルト事件▲には幕閣は衝撃を受けた。天文方や蛮書和解御用掛のスタッフが、幕府のトップシークレットに属するような機密の内容を知り、所有することになる。貞享改暦のときには想像もできないような緊迫した状況のなかで、天保改暦がなされていたことになる。天保改暦後、幕閣は改暦や天文には関心を失ったが、渋川景佑《かげすけ》たちは、詳細な天体観測の記録を継続させた。

明治維新《いしん》が起こり、幕府の政治機構が廃止になると、編暦と暦の頒布の権限は、ふたたび土御門家の手に戻るが、それは一時的な処置で、一八七〇(明治

▼シーボルト事件　一八二八(文政《ぶんせい》十一)年、シーボルトが帰国に際して、国禁の日本地図などをもちだしたために、国外追放処分となる。彼に日本地図、蝦夷《えぞ》・樺《から》太《ふと》の地図を渡したのは、高橋景保であった。景保は死罪となる。

三）年には土御門家は解任され、天文局の学者によって七三（同六）年のグレゴリオ暦への改暦がなされた。これによって、長く続いた太陰《たいいん》太陽暦の時代に終止符が打たれることになった。太陽暦の時代を迎え、天文方と土御門家のあいだにあった物語は、しだいに遠い過去のエピソードになった。

●—写真所蔵・提供者一覧(敬称略, 五十音順)

会津若松市立会津図書館・『日本の暦』(渡邊敏夫, 雄山閣, 1976年)
　p. 26下
足利市教育委員会　　p. 21上
大阪市立科学館　　p. 80下
宮内庁正倉院事務所　　p. 9下
皇學館大学神道博物館　　p. 31下右
国立公文書館　　p. 21下, 31上
国立国会図書館　　カバー表, p. 10, 22下, 31下左
国立天文台　　カバー裏, p. 24上, 60, 80上
『史料通信叢誌』9(近藤瓶城編, 史料通信協会)・国立国会図書館
　p. 28左
神宮徴古館　　p. 38
神宮文庫・『日本の暦』　　p. 24下
須江充宏・大崎市教育委員会　　p. 55左上・左下
仙台市博物館　　p. 44
太平書屋・国立国会図書館　　p. 35上
千葉市美術館　　扉
天理大学附属天理図書館　　p. 77
東北大学附属図書館　　p. 28右
浜松市博物館　　p. 9上
(財)陽明文庫・『日本の暦』　　p. 22上

中村士・伊藤節子「浅野家所蔵『天文方渋川家文書』の調査(Ⅱ)」『国立天文台報』2 - 4, 1996年
中山茂『日本の天文学』岩波書店, 1972年(のちに, 朝日文庫, 2000年で再刊)
中山茂『近世日本の科学思想』講談社, 1993年
日本学士院日本科学史刊行会編『明治前日本天文学史　新訂版』臨川書店, 1979年
林淳「囲碁と天文—渋川春海異聞—」『文化史の諸相』吉川弘文館, 2003年
林淳『近世陰陽道の研究』吉川弘文館, 2005年
林淳・小池淳一編『陰陽道の講義』嵯峨野書院, 2002年
林由紀子『近世服忌令の研究』清文堂出版, 1998年
広瀬秀雄「宝暦の改暦について」『蘭学資料研究会研究報告』127, 1963年(のちに『陰陽道叢書』3巻, 名著出版, 1992年に再録)
広瀬秀雄『暦』近藤出版社, 1978年
広瀬秀雄ほか編『日本思想大系　近世科学思想　下』岩波書店, 1971年
広瀬秀雄ほか編『日本思想大系　洋学　下』岩波書店, 1972年
福田千鶴『酒井忠清』吉川弘文館, 2000年
村山修一・下出積與・中村璋八・木場明志・小坂眞二・脊古真哉・山下克明編『陰陽道叢書』1～4巻, 名著出版, 1991～93年
桃裕行『桃裕行著作集　暦法の研究　下』思文閣出版, 1990年
藪内清『増補改訂 中国の天文暦法』平凡社, 1990年
山室恭子『黄門さまと犬公方』文芸春秋, 1998年
吉田栄治郎「近世大和の陰陽師と奈良暦」『陰陽道叢書』3巻, 名著出版, 1992年
李成市『世界史リブレット7　東アジア文化圏の形成』山川出版社, 2000年
暦の会編『暦の百科事典』新人物往来社, 1986年
和田光俊・林淳「渋川春海年譜」『神道宗教』184・185, 2002年
渡辺信一郎『江戸の生業事典』東京堂出版, 1997年
渡邊敏夫『日本の暦』雄山閣出版, 1976年
渡邊敏夫『近世日本天文学史　上・下』恒星社厚生閣, 1986・87年

●―参考文献

青木千枝子「『東山集』余録　渋川敬也の死をめぐって　上・下」『仙台郷土研究』251・252, 1995・96年

浅見恵・安田健編『近世歴史資料集成第Ⅳ期(第9巻)日本科学技術古典籍資料／天文学篇5』科学書院, 2005年

荒木俊馬『日本暦学史概説』立命館大学出版部, 1943年

磯前順一・小倉慈司『近世朝廷と垂加神道』ぺりかん社, 2005年

伊藤節子「薩摩暦の歴史」『「天文学史研究会」集録』国立天文台, 2006年

岩手県立博物館編『南部暦』岩手県立博物館, 1983年

岩出山町史編纂委員会『天文暦学者　名取春仲と門人たち』岩出山町, 2002年

上原久・小野文雄・広瀬秀雄編『天文暦学諸家書簡集』講談社, 1981年

内田正男『暦の語る日本の歴史』そしえて, 1978年

内田正男『暦と時の事典』雄山閣出版, 1986年

梅田千尋『近世陰陽道組織の研究』吉川弘文館, 2009年

大崎正次編『近世日本天文史料』原書房, 1994年

岡田芳朗『日本の暦』新人物往来社, 1996年

岡田芳朗『南部絵暦を読む』大修館書店, 2004年

岡田芳朗・阿久根末根編『現代こよみ読み解き事典』柏書房, 1993年

川勝守『日本近世と東アジア世界』吉川弘文館, 2000年

川和田晶子「元禄時代に於ける天文暦学伝授」『科学史研究』215, 2000年

杉岳士「徳川将軍と天変―家綱～吉宗期を中心に―」『歴史評論』669, 2006年

杉本勲編『近世実学史の研究』吉川弘文館, 1962年

高埜利彦『元禄・享保の時代』集英社, 1992年

高埜利彦編『元禄の社会と文化』吉川弘文館, 2003年

塚本学『生類をめぐる政治』平凡社, 1983年

塚本学『徳川綱吉』吉川弘文館, 1998年

辻達也『徳川吉宗』吉川弘文館, 1958年

中村彰彦『保科正之』中央公論社, 1995年

中村士『江戸の天文学者　星空を翔ける』技術評論社, 2008年

中村士「江戸後期幕府天文方と地方天文学者の交流―加越地方の事例から―」『東洋研究』147, 2003年

日本史リブレット46
天文方《てんもんかた》と陰陽道《おんみょうどう》

2006年8月25日　1版1刷　発行
2023年11月30日　1版6刷　発行

著者：林《はやし》　淳《まこと》

発行者：野澤武史

発行所：株式会社 山川出版社

〒101−0047　東京都千代田区内神田1−13−13
電話　03(3293)8131(営業)
　　　03(3293)8135(編集)
https://www.yamakawa.co.jp/

印刷所：明和印刷株式会社

製本所：株式会社 ブロケード

装幀：菊地信義

ISBN 978-4-634-54460-4

日本史リブレット　第Ⅰ期［68巻］・第Ⅱ期［33巻］　全101巻